黄河水利委员会治黄著作出版资金资助出版图书

人与黄河

千析 王磊 著

黄河水利出版社

内 容 提 要

本书全面介绍了黄河的过去、现在与未来。全书共分五大部分,即生命黄河、人类的足印、人与黄河、治黄的思索及新纪元。

本书可供喜爱黄河、热爱治河事业的人员参考。

图书在版编目(CIP)数据

人与黄河/千析,王磊著. —郑州:黄河水利出版社,2007.12

ISBN 978-7-80734-314-1

Ⅰ.人… Ⅱ.①千… ②王… Ⅲ.黄河-水利史 Ⅳ.TV882.1-092

中国版本图书馆 CIP 数据核字(2007)第 182227 号

出 版 社:黄河水利出版社

地址:河南省郑州市顺河路黄委会综合楼14层 邮政编码:450003

发行单位:黄河水利出版社

发行部电话:0371-66026940、66020550、66028024、66022620(传真)

E-mail:hhslcbs@126.com

承印单位:黄河水利委员会印刷厂

开本:787 mm×1 092 mm 1/16

印张:12.25

字数:213 千字 印数:1—7 500

版次:2010 年 12 月第 1 版 印次:2010 年 12 月第 1 次印刷

书号:ISBN 978-7-80734-314-1/TV·531 定价:25.00 元

目 录

第一部分 生命黄河

第二部分 人类的足印

第三部分 人与黄河

第四部分　治黄的思索

第五部分　新纪元

第一部分

生命黄河

水是生命之源，老子说："上善若水，水善利万物而不争。"《管子·水地》说"人，水也"，"万物莫不以生"。黄河，是中华民族的母亲河，又被称为"中国之忧患"，大河过处，皇天在上，厚土在下，给她黄皮肤的子民带来了不尽的灾害，也养育了一个伟大的中华民族。

第一章 大 河

黄河是我国的第二大河，也是世界闻名的巨川大河。在我国古籍中，黄河很早就被尊称为江、河、淮、济“四渎之宗”，百水之首，普遍受到人们的敬仰。近代更把她作为中华民族的象征。

与其他大河相比，黄河具有许多独特的特点，她是世界上知名的泥沙含量最高、落差最大、河道流向最曲折的大河，也是中华民族的母亲河。

第一节 大河之初

顾名思义，黄河自然是因为河水里泥沙很多、水色浑浊色黄而得名。《左传》(公元前 487 年)中有句著名的话，“俟河之清，人寿几何”，就是一个明显的写照。在我国，有一些河流就是以河水的颜色来命名的。例如东北的鸭绿江就是因为过去流域里森林茂密，江水青绿，犹似鸭子羽毛的绿色，故名鸭绿江。据说，特别讲究文字象形的祖先，在制定“江”、“河”文字之初，便是以形定性区分河流挟沙的多寡。凡“河”都是多沙的，而“江”则是水清的。在实际中的江河也确实如此。

根据文献记载，周、秦以前黄河就已经是多泥沙的河流了，不过黄河的名称直到汉代才第一次出现在《汉书》中，也就是那句非常有名的“使黄河如带，泰山若厉”。概因河水重浊，当时已有一石水而泥六斗的说法。郦道元(公元 6 世纪左右)的《水经注》中仍将黄河称为“河水”。在公元 900 年即唐代以前，人们一般把这条母亲河叫做“大河”，以表示它是华北的最大河流。后世许多史书也都是简称为“河”，只是随着岁月的变迁，才普遍称为黄河。

与世界上其他大河相比，黄河的年龄最轻，亚马逊河、恒河都有一二千万年的历史，密西西比河的地质历史更为古老，长达 2.5 亿年，而黄河上源的地质历史也只能追溯到距今 170 万年左右，她仍然处于其地质生命的成长期，充满了勃勃生机。在她的源头河源区，青藏高原仍然处于不断的抬升状态，在她的河口尾闾，近百年来，黄河仍以每年 1. 8 公里的速度增长。

黄河远上白云间，黄河的诞生的的确确和飘浮在白云间的青藏高原，和巍峨挺立的世界第一高峰——喜马拉雅山珠穆朗玛峰，有着千丝万缕的因果关系。如果说中华大陆的基本地貌格局因 1.3 亿年前的燕山运动，而发生沧海桑田的巨大变迁，海水因之推出了中华大陆，分散的陆地因之而相互连接，大陆的地势因之形成西高东低的趋向。那么黄河的诞生则是来自于 7000 万年前开始的另一次强烈的地壳运动——地质史上著名的喜玛拉雅造山运动。

在 170 万年前，当"世界屋脊"青藏高原伴随亚洲大陆与印度大陆的碰撞徐徐隆起，上升到 2500 米左右，中华大地自西向东有了足够大的斜坡之时，我们的母亲河——黄河开始苏醒、孕育。黄河原来是独立的三大水系，即形成于距今 170 万年的青海高原古湖盆、形成于 1.3 亿年前的河套古湖盆和形成于距今约 1500 万年前的晋陕峡谷古湖盆。在距今 100 万年的时候，黄河流域内仍然分布着许多互不连通的古湖盆，河套盆地和晋陕峡谷古黄河均流入三门湖，为内陆水系。此后随着地壳构造运动，西部地区不断抬升，东部湖盆持续沉降，西高东低的地势高差逐渐加大，各湖盆间逐渐相互连通，黄河进入她长达百万年的发育期。到距今 15 万年左右，三门湖被切穿，古黄河开始流入海洋，青海高原上的黄河上源水系也与河套盆地相沟通，才最终孕育出一条"奔流到海不复回"的汤汤大河。黄河也完成了从内陆水系到海洋水系的涅槃。不过，那时候黄河的身躯只到现在河南省的孟津县境内。此后，伴随着黄河进入华北大平原，黄河冲积扇开始发育，黄河也进入了她不断塑造平原、不断延长生长的历史新时期。

第二节 黄河之水天上来

黄河的发源地位于青海省巴颜喀拉山北麓海拔 4500 米的约古宗列盆地，地处人称"世界屋脊"的青藏高原，与世界上绝大多数的河流相比，说黄河之水天上来，奔流到海不复回，真的是恰如其分。黄河，自从横空出世，便具有了上天赋予的奔放豪迈气势。

从天上来的黄河水，流经青海、四川、甘肃、宁夏、内蒙古、山西、陕西、河南、山东 9 省（区），在山东省垦利县注入渤海，干流全长 5464 公里。按地理位置及河流特征，人们将其划分为上、中、下游三段，而她的每一段都显示出不同的特点。

河源至内蒙古托克托县河口镇为上游，河道长 3472 公里，占黄河全长的 63.5%；流域面积 42.8 万平方公里，占全流域的 53.7%。上游河段是黄河水量的主要来源区。其中兰州以上流域面积占花园口以上流域面积的 30%，但水量却占 58%，沙量则只占 6.6%。从这一点就可以看出黄河水文上的一个重要特点，就是“水沙异源”。长期以来，黄河兰州以上的河水经常是碧波荡漾、清水长流，一派秀丽水色。黄河上游水面总落差达到3496米，占全河的78.2%，其中从青海的玛多到宁夏的青铜峡，长达2330多公里的河道，一直在峡谷与川地中穿行，水力资源丰富，多优良坝址，被誉为发展水电的峡谷宝库。

黄河穿越上游末端的河套平原，离开内蒙古自治区的托克托县后，便开始了她一泻千里、裂谷惊天的中游峡谷流程，将黄土高原一分为二，成为山西、陕西两省的天然分界线。黄河完成晋陕峡谷段流程进入河南省郑州附近的桃花峪，才结束她的中游旅程。黄河中游河道长1206公里，占全河长度的22.1%，水面落差890米，占全河的19.7%，在飞流直下的晋陕峡谷河段，最著名的就是“原出昆仑衍大流，玉关九转一壶收”的龙门壶口瀑布。明末清初的著名思想家顾炎武曾在《龙门》一诗中这样描绘龙门壶口瀑布的雄伟气概：亘地黄河出，开天此一门；千秋凭大禹，万里下昆仑。黄河中游区间流域面积34.4万平方公里，占全流域的43.3%。但水土流失严重，洪水、泥沙俱下，对下游威胁最大。晋陕峡谷以滚滚洪流，将支流每年输入的近10亿吨泥沙搬到下游，成为黄河泥沙来量最多的地区。而且每到夏季，暴雨倾盆，由此产生的洪水十分迅猛，所以这个地区也是黄河洪水的主要来源区之一。不过，从托克托到龙门和三门峡到桃花峪这两个峡谷河段，有许多可供选择的优良坝址，为治理黄河修建重大工程提供了有利条件。

桃花峪至入海口为黄河下游，河道长786公里，占全河长度的14.4%，水面落差94米，占全河的2.1%。由于人类千百年来一直筑堤约束河流，大堤逐渐高悬地面，黄河下游大都成为“地上悬河”，两岸无重要支流汇入，因此流域面积仅有2.3万平方公里，占全河的3.0%。黄河下游的“地上悬河”还造成了一个全世界罕见的现象，那就是700公里长的人工大堤成为华北大平原上的分水岭。黄河以北之水，成为海河水系，自天津入海；黄河以南之水皆入淮河。两岸平原的河流不但不能汇入黄河，而且黄河水还不断渗漏，进入平原低地，补给地下水。所以从花园口到河口，流量反而逐渐减少。迁徙不定的下游黄河挟带着大量的泥沙，游荡在广阔的冲积平原上，成为华北大平原的主要塑造者，同时又受到它的制约。历史上黄河下游决溢频繁，使下游的防洪任务十分繁重。

奔流到海的黄河，即使在入海口，也延续着她的神奇。黄河挟带的大量泥沙，淤积在黄河河口，使今天的黄河河口三角洲成为世界上唯一不断增长的陆地。黄河从1855年在兰考铜瓦厢决口北徙，由原来注入黄海改注入渤海，经过百年来的沧海变化，塑造出一个面积5400多平方公里的新三角洲，形成以垦利县宁海为顶点，北起徒骇河口，南至支脉沟口的扇形地带。平均每年造陆 41 平方公里，海岸线每年向海内推进 390 米。坐落在黄河河口三角洲上的东营市也成为世界上独一无二、土地面积不断增长的新兴城市。

放眼黄河，她蜿蜒数千公里，纵横近百万平方公里，纳百川而成巨流，号称千川入河。直接汇入黄河的一级支流中，流域面积大于 100 平方公里的共有 219 条，计 62.7 万平方公里，占流域总面积的 83.4%。其中，流域面积大于 1000 平方公里的支流有 76 条，计 58 万平方公里，占流域总面积的 77%，是构成黄河流域的主体。而流域面积大于 1 万平方公里的支流则有 11 条，计 36.7 万平方公里，占全流域面积的 48.7%。由于这些支流呈不对称分布，沿程汇入不均，而且水、沙来量相差悬殊，使黄河变幻莫测，增加了黄河干流人类开展治理开发活动的复杂性。以河流流域面积增长率为例，黄河干流上游河段流域面积增长率平均为 111 平方公里每公里，中游河段来汇支流众多，流域面积增长率达到 285 平方公里每公里，下游则仅有 29 平方公里每公里，是全河的最小值。

在历史时期内，黄河中上游河道一般变化不大，但下游河道变迁频繁，以河南孟津为轴心，北抵天津，南达江淮，纵横 25 万平方公里的黄淮海平原上，几乎到处都有黄河变迁的痕迹。从周定王五年（公元前 602 年）黄河有记载第一次大改道至南宋初的 1700 多年间，都在现行河道以北来回摆动，流入渤海。南宋建炎二年（1128 年），东京（今开封）留守杜充，为阻止金兵南下，决开黄河大堤，黄河夺淮河入黄海。此后 700 多年，黄河一直在现行河道以南频繁变迁。清咸丰五年（1855 年），黄河在铜瓦厢（今河南省兰考县东坝头）决口，夺大清河入渤海。1938 年，国民政府为了阻止日军西进，扒开郑州花园口大堤，全河夺流改道入淮河。1947 年，花园口口门堵复，黄河回归故道，也就是现在的黄河下游河道。

水是生命之源，据科学测定，鲜活植物的体重中 70%至 90%是水。生命源于水，水孕育了人类，水是人类赖以生存和发展的物质基础，是一种宝贵的战略资源，人类需要淡水，宛如婴儿需要母亲的乳汁。作为北方唯一的大河，宝贵的黄河水以每年 580 亿立方米的水量，恩泽于中国西北和华北广大地区的华夏子民们。黄河流域大部分属于干旱和半干旱气候，流域平均降水量每年只有 476 毫米。由于气候等自然条件的影响，黄河作为中国第二大河，多年平均天然径流量仅占全国河流年径流量的 2%，是长江的 1/17，居我国七大江河的第四位，水资源非常宝贵。黄河的流域面积虽然与欧洲多瑙河不相上下，但径流量却只有后者的四分之一。中国在世界上本来就是贫水国家，人均占有量还不到世界平均水平的 1/4，而黄河流域内人均水量 543 立方米，为全国人均水量的 25%；耕地亩均水量 307 立方米，为全国亩均水量的 16%。对于人类来说，黄河水是名副其实的生命之水、珍稀资源。

黄河高悬云天之上、飞流直下、奔腾不息的天然属性，还额外为现代社会的人类带来了一样慷慨的礼物，那就是水能。人类可以利用水力发电，而电则是现代社会的人类从生产到生活都不可或缺的基本动力。水电号称绿色能源，是目前人类使用的各种能源中唯一不存在污染问题、可持续利用的能源。高达 4480 米的巨大落差，使黄河流域内水能资源理论蕴藏量达到 4051 万千瓦，可开发装机容量为 3344 万千瓦，居全国大江大河第二位。

第三节　九曲黄河万里沙

唐代诗人刘禹锡在《浪淘沙》中的名句“九曲黄河万里沙”为我们展示了黄河的瑰丽与雄浑，也恰恰提到了黄河之所以与众不同的两个根本原因：多泥沙的河流；弯曲变化大、横跨不同纬度的河道。这使黄河既带给人类辽阔肥沃的华北冲积大平原，也带来了举世罕见的难题——“地上悬河”的困扰和凌汛的威胁。

黄河是世界上著名的多泥沙河流，平均含沙量为 35 公斤每立方米，平均每年输沙量多达 16 亿吨，干流最高含沙量 920 公斤每立方米，均居世界大江大河的首位。河流的特性主要表现在径流量和输沙量两个方面。与世界其他河流相比，黄河最显著的特点就是水少、沙多。与长江相比，黄河的长度是长江的 86%，但径流量却只有长江的 4.7%，输沙量则是长江的 2.4 倍。与美国的密西西比河相比，密西西比河的长度和流域面积都比黄河大得多，但输沙量却只有黄河的五分之一左右，而径流量则是黄河的 12.3 倍。在输沙量方面，黄河、恒河（布拉马普特拉河）和亚马逊河是世界上输沙量最多的三大河流，都达到 10 亿吨。但由于径流量的不同，与黄河相比，恒河（布拉马普特拉河）的含沙量还不到黄河的 1/20，亚马逊河则更小得多。

黄河下游河床宽阔，比降平缓，属于强烈的堆积性河流，挟带大量泥沙的黄河一旦摆脱中游峡谷的束缚，涌入一马平川的大平原，咆哮的黄河水就逐渐变得安静，而大量的泥沙也不断在途中脱离奔腾向前的黄河水，沉积在河床中。据统计分析，进入下游的 16 亿吨泥沙，平均有四分之一淤积在利津以上河道内，四分之二淤积在河口三角洲及滨海地区，其余四分之一被输往深海。有专家统计指出，从 15 万年前黄河形成到今天，黄河输出三门峡的泥沙共 70000 亿吨，这些泥沙中，71.5%建造了华北大平原，1.5%淤积在黄河下游河道内，26%流入海洋。20 世纪末期，当代治黄工作者通过认真研究，发现淤积在下游河道的泥沙，主要是粒径大于 0.05 毫米的粗泥沙，数量约占下游河道总淤积量的一半。他们进一步追根溯源，最终发现，黄河泥沙主要来自中游黄土高原地区，并且集中在河口镇至龙门和龙门至潼关两个区间，来沙量占全河总沙量的 90%，粒径大于 0.05 毫米的粗泥沙也主要来自这两个区间。在这短短的区间内，年平均来沙量超过 1 亿吨的主要来沙支流就有 4 条，即：泾河、无定河、渭河和窟野河。如果按照行政区域划分，流域内以陕西省来沙量最多（约占全河来沙量的 42%），甘肃省次之，山西省居第三位。至此，人们才对这条黄龙的出身有了清晰的了解。

大量的黄沙使得黄河下游因人类的干预而逐渐形成一个独特的河道形态，那就是“地上悬河”，这也是黄河不同于其他江河的显著特点。黄河下游河道最早在汉代已经有“悬河”的说法，现行河道则是 1855 年在河南兰仪县境内的铜瓦厢，也即今天的兰考县境内改道后形成的，目前全部是高悬于平原地面之上的“地上悬河”，河道滩面一般高出背河地面 4~6 米，高的达 10 米以上。由于泥沙的严重淤积，黄河下游河床每年平均约增高 10 厘米。而且黄河河道上宽下窄，河南段最宽处达 24 公里，山东段最窄处仅 275 米。河道比降上陡下缓。因此，排洪能力上大下小。对于下游人民来说，黄河就是一柄高悬头顶的达摩克利斯剑。广阔的宽河道同样不能使人安心。由于河势游荡多变，主流摆动频繁，很容易形成直冲大堤的局面，严重危及堤防安全。因此，还需要在下游河道内修建控导工程，控制主流流向，从而形成堤中有堤的现象，这也是黄河的独特之处。

黄河素有“九曲黄河”之称。“九”在古代是形容多的意思，说明黄河弯曲很多。黄河实际流程是 5464 公里，为河源至河口直线距离的 2.64 倍，原因就在这些百转千回的河湾。黄河水系北部和南部主要受阴山－天山和秦岭－昆仑山两大纬向构造体系的控制，西部位于青海高原“歹”字形构造体系的首部，中部受祁（连山）吕（梁山）贺（兰山）“山”字形构造体系控制，东部受新华夏构造体系影响。黄河则萦回其间，随历史变迁，发展成为今日的九曲黄河。自河源至河口，有许多大的弯曲，包括唐克湾、唐奈亥湾、兰州湾、河套湾、潼关湾和兰考湾，计有 3 个 180 度、2 个 90 度、1 个 45 度共 6 个大的弯曲。这 6 个大的弯曲和许多较小的弯曲，构成了曲折向东、蜿蜒流长的黄河。

弯弯曲曲的河道造成了黄河与其他河流不同的另一种现象，那就是黄河凌汛。从地图上可以清晰地看到，黄河构成一个大大的“几”字形，使得这条东西走向的河流形成了两段南北走向、横跨 10 个纬度的河段，即黄河上游宁蒙河段和黄河下游河段。这两个河段流向都是从低纬度流向高纬度，冬天结冰封河是溯源而上，春天解冻开河则是自上而下。每当春暖花开，当上游解冻开河时，下游往往还处于封冻状态。上游开河时形成的冰凌洪水在急弯、卡口等狭窄河段，极易形成冰塞或冰坝，堵塞河道，导致上游水位急剧升高，严重威胁堤防安全，甚至决口。在漫长的历史时期，人类一直无法有效解决黄河凌汛带来的威胁，所以古代常有因黄河洪水决口河官投河自尽的情况发生，而对凌汛则有“凌汛决口，河官无罪”的说法。

第二章 厚 土

《管子》曰:“地者，万物之本原，……水者，地之血气，如筋脉之通流者也。”水与土的结合，孕育了万物生灵。说黄河就不能不说到黄河流域，说到黄河畔边的黄土地。黄河流域幅员辽阔，地跨温带和暖温带，地势西高东低，相对高差 4480 米，横跨高原、山区、平原三大阶梯，自然条件多样而复杂，农业历史悠久。这片以黄色为代表的大地，为中华的先民提供了广袤的沃土、多样的物产和丰富的矿产资源。为这个民族的强盛提供了巨大的力量源泉。

第一节 巨龙化狮出东方

黄河为龙，而欧洲的巨人拿破仑将中国比喻为一头睡狮。非常巧合的是，按流域界线勾画出的黄河流域平面图，恰如一头威武的巨狮，一头流动着龙脉气血的东方巨狮。所不同的是，这头巨狮昂首傲视，背靠世界上最高的青藏高原和珠穆朗玛峰，雄踞最大的黄土高原，东临最广阔的海洋——太平洋，是何等的威武。华夏的子民在这里繁衍生息，东方的文明从这里诞生，5000 年的风霜雪雨更为他增添了几分成熟和强健。说黄河是中华民族的象征，真的是再恰当不过了。

这头雄狮西起巴颜喀拉山，东临渤海，北抵阴山，南达秦岭，介于东经 96 度至 119 度，北纬 32 度至 42 度之间，面积（包括内流区）79.5 万平方公里，占国土总面积的 8.28%。狮身和狮头部分，也就是黄河流域的上中游峡谷地区，占到了流域总面积的 97%；而长达 780 多公里的下游平原河道，形成前伸的狮足，实际上是高出两岸地面的“地上悬河”，只占整个流域面积的 3%。这与其他江河流域面积主要集中在下游迥异。

黄河流域的地势，自西向东，呈三级阶梯，逐级下降，恰如巨狮飞扑直下的雄姿。

最高一级阶梯平均海拔 4000 米以上，为流域河源区的青海高原，位于青藏高原的东北部，高原上分布有一系列西北—东南向的山脉，黄河迂回在山原之间，呈“S”形大转弯。河谷两岸的山脉高耸，海拔 5500 ~ 6000 米，相对高差达 1500～2000 米。这一部分恰如蓄势待发的狮身后部。在这一阶梯中，雄踞青海高原的阿尼玛卿山（积石山），主峰玛卿岗日海拔 6282 米，是黄河流域的最高点，山顶终年积雪，冰峰起伏，景象万千。南缘的巴颜喀拉山，山峦绵延，是黄河与长江上游通天河的分水岭，被称为“江河之源”。北麓的约古宗列盆地，就是黄河源头。祁连山脉横亘高原北缘，构成青藏高原与内蒙古高原的分界。为黄河流域西北部的界缘山脉。青海玛多以上的黄河河源区河谷宽阔，湖泊众多。黄河出鄂陵湖，蜿蜒东流，从阿尼玛卿山和巴颜喀拉山之间穿过，穿山越峡，出青海、四川、甘肃，迈出第一级台阶，从涓涓细流汇聚成滔滔大河。

第二阶梯自青海高原日月山起，直抵宁夏、内蒙古、山西、陕西四省（区），区内地形地貌差异较大，分属鄂尔多斯高原、河套平原、黄土高原、汾渭盆地等自然地理区域。黄土高原构成其主体。海拔 1000～2000 米，虽然步步落低，但仍然高高在上。这一级台地，东界的太行山高耸在黄土高原与华北平原之间，成为黄河流域与海河流域的分界线，流域北界的贺兰山、狼山和阴山山脉，犹如一道天然屏障，阻挡着沙漠向流域腹地侵袭。流域南界的秦岭山脉，是黄河流域与长江流域的分水岭，在我国自然地理上是亚热带和暖温带的南北分界线，也是我国西北部飞沙不能南扬的挡风墙。这一部分恰如雄姿昂扬的狮头。黄河在这一阶梯内，穿越宁夏富庶的河套灌区，先后进入世界上最大的黄土集中分布区——黄土高原，以及素有“米粮川”、“八百里秦川”等美名的汾渭盆地，到太行山以东后走下了第二个台阶。

第三级阶梯，自太行山脉以东直至滨海，地势低平，绝大部分为海拔低于 100 米的华北大平原，包括黄河下游冲积平原。以及海拔 10 米以下的黄河河口三角洲和海拔 400～1000 米的鲁中丘陵等自然地理区域组成。辽阔的平原地势，大体上以黄河大堤为分水岭，地面坡降平缓，微向海洋倾斜，大堤以北属海河流域，以南属淮河流域。黄河流入冲积平原后，成为举世闻名的“地上悬河”，并最终汇入大海。属于黄河流域的部分恰如其有力前伸的狮足。

第二节　黄土情系五千年

黄土在欧亚、北美有着广泛的分布，但最有典型意义，决定了一个民族的文明道路，影响了一个民族的文化的就是中国北方的黄土。中华文明发源兴盛于农耕文明，以土为尊。我们的先民所崇拜的，除了主宰万物的上天，就是宽厚仁慈的大地，他们尊称为皇天后土。龙的传人以黄为贵，因为大地的颜色就是黄色。中华文明五千年的前进历程，脚下踩着的，总有那厚重的黄土地。

在中华大地上，最早与人类结缘的黄土属于黄河流域中部的黄土高原。黄土高原，北起长城，南界秦岭，西抵日月山，东至太行山，面积 64 万平方公里。除因地势相对较高外，还因这个高原是由厚层黄土连续堆积而成，其连续分布面积达 40 万平方公里，黄土厚度由数十米至二三百米，最厚处达到 400 多米。黄土高原的黄土呈灰黄、红黄色，颗粒比较均匀，既不呈沙性，也不黏重，而且内部组织很特别，内多孔隙，渗水性强，肥水相当高，便于植物生长。由于黄土土质疏松，对于使用石器等较原始生产工具的古人类来说，也比较容易耕作。黄土垂直的节理，又便于挖穴构居。即使在今天，冬暖夏凉的黄土窑洞仍然被许多人所喜爱。加上黄土高原地区渭河、汾河等众多水系的存在，保证了人类生活必需的水源。所以黄土高原的大片黄土地，为人类的生存和发展提供了极其适宜的条件，成为华夏祖先的发祥地，成为中国古代农业的发源地之一，并在相当长的时间内成为中国几个强大王朝的政治经济中心、古代农业最发达的地区。《禹贡》是我国历史上最早的一篇地理著作。据说这本书是铸在九鼎上面的，记述了各地的地理和物产状况。它对黄土的评价是“厥土黄壤”，“田上上”，也就是 9 个等级中的最上等。

但是，正是由于黄土疏松，渗透性强，它的抗风蚀、水蚀的能力也就弱。经过流水和风力的长期侵蚀，黄土高原便逐渐形成塬、梁、峁、沟等几种地貌形态，整个黄土高原沟壑纵横，坡陡沟深，地面支离破碎，成为黄河泥沙的主要来源地。黄河流经的黄土高原是世界上水土流失面积最广、强度最大的地区。水土流失面积达 45.4 万平方公里，占黄土高原总面积的 70.9%，其中侵蚀模数大于 5000 吨每平方公里每年的强度水蚀面积 14.65 万平方公里，占全国同类面积的 38.3%；侵蚀模数大于 15000 吨每平方公里每年的剧烈水蚀面积 3.67 万平方公里，占全国同类面积的 89%。穿流于黄土高原的黄河，正值它的中上游河段，长达 3009 公里，约占全长 5464 公里的 55%，黄土高原的泥沙把它染成了黄色，使它成为一条多泥沙的河流，千百年来，给黄河下游百姓带来了无穷的灾难，使母亲河变成“千年之忧患”。可以说，黄土高原在为幼年的中华民族提供了温馨家园的同时，也为长大成年的华夏儿女留下了不尽的忧思。

绵绵黄土对中华文明的贡献和影响，不仅仅在黄河中游的黄土高原，还有古黄河三角洲形成的华北大平原和现代黄河三角洲。放眼五大洲，我们发现，世界大河形成的三角洲，往往是古代文明的发祥地，同属古代四大文明，以开罗为顶点的尼罗河三角洲是埃及古代文明的发祥地。伊拉克幼发拉底河和底格里斯河冲积而成的美索不达米亚三角洲平原，是著名的古巴比伦文化的发祥地。即使在现代，三角洲仍是地球科学研究的重要对象之一，且因其经济发达、人口稠密，在世界社会、经济可持续发展中居于重要地位。在我国，古黄河三角洲是中华文明的发祥地之一。在现代，黄河河口三角洲与尼罗河、多瑙河、叶尼塞河并列为世界四大河口三角洲。

一万年前的华北，岗丘遍布，湖沼沟河串联，还不是今日这一片广阔的平原。一万年来，黄河以大河的功能，将 50000 多亿吨的黄土泥沙搬移黄土高原，堆积在下游的广大区域内，把整个大三角洲平地冲淤了几遍，形成了厚达 60 米的冲积扇，成为今日华北大平原面貌的主要缔造者，华北大平原则成为最大的古黄河三角洲，出现在我国大陆上。今日的黄河下游冲积平原是华北平原的主要组成部分，北到天津，南达江淮，面积约 25 万平方公里，是中国第二大平原，也是黄河最大的冲积平原。从新石器时代开始，冲积平原周边的山麓已是人类活动比较集中的地区，成为走出中游河谷地区中华先祖的第一个落脚点。从春秋战国时期开始，铁质工具广泛使用之后，这块坦荡的大平原更进一步得到开发，成为中国重要的粮棉油产地和经济发达地区，并成为历代王朝选址建都的首选之地。

黄河现代三角洲的填海造陆，正是黄河缔造华北大平原过程的继续。我们今天所讲的黄河三角洲包括天津附近的老三角洲、苏北的废三角洲和以山东利津为顶点的现代三角洲，陆上面积约 9000 平方公里。黄河现代三角洲目前仍向海延伸，河口有很长的河口沙嘴，是长江、珠江等三角洲所没有的，在世界上也是很特殊的。黄河三角洲面积达 5400 平方公里，是 1855 年黄河在今河南兰考县铜瓦厢决口北行后，从利津县入海所形成的三角洲。在实际行水的 130 年间，平均每年造陆面积约 41 平方公里，现在的小三角洲每年造陆约 51 平方公里，河口平均每年向大海延伸约 1.8 公里。蕴藏了丰富资源的广阔海洋还几乎是人类未开发的处女地,所以 21 世纪被许多人称为海洋的世纪，而三角洲则是人类通向海洋的门户，正因如此，今天，黄河三角洲的治理开发正吸引着越来越多的目光。在广阔的三角洲平原下深部地层和浅海大陆架，蕴藏有极为丰富的油气资源和其他矿产资源，填海成陆将极大地降低开采成本。胜利油田早在 60 年代就在这里开始了勘探和建设。三角洲平原上还有极为丰富的土地、海产等自然资源，具有极大的开发潜力。黄河三角洲也是我国最大的海滨湿地生态系统自然保护区。

作为一个十多亿人口的大国，粮食问题始终是我们这个民族不能忽视的战略性问题。我们的黄土地也尽其所能地支持自己的子孙。今天的黄河流域有耕地0.126亿公顷，人均0.118公顷，约为全国人均耕地的1.5倍，此外，还有宜于开垦的荒地约200万公顷。黄河上中游沿河两岸有数百万公顷的宜垦荒地；河口三角洲，有近40万公顷荒地尚待开发；黄河入海口，每年还以2000多公顷的速度继续填海造陆。这些地区，都是我国能够集中连片开发的主要后备土地资源。黄河流域雨热基本同期，光、温、水配合较好，有效积温高，有利于农业生产。宁蒙灌区、汾渭盆地和下游沿黄平原已成为我国重要的商品粮棉基地，但粮食平均每公顷产量与发达地区还有不小的差距，随着水、肥等生产条件的逐步改善，仍有很大的增产潜力。

黄土与龙的传人有如此紧密的关系，那么，这万千黄土是从哪里来的呢？目前国际上比较认同的观点是黄土风成说。即中国黄土的形成，是由东亚季风对亚洲干旱内陆以及黄土高原周边沙漠，特别是新疆塔克拉玛干大沙漠的风沙搬运形成的。即大约240万年前，由于青藏高原和喜马拉雅山的不断抬升，挡住了印度洋温暖季风的北上，而蒙古高压气团又在不断增强，形成了干燥寒冷的西北气流由西北向东南运动，亚洲干旱内陆的岩屑便被携带着向东南飘洒。粗粒的岩屑掉落在戈壁东南的外围地区，形成沙漠或沙地。细粒的岩屑便落在距离较远的东南地区，逐渐堆积成了现在的黄土高原。但半个世纪以来，一些中国黄土的研究者通过在塔克拉玛干大沙漠的钻探发现，大沙漠的形成时期只是最近1万年左右。此前塔里木盆地中主要是河流、湖泊和融雪流水的堆积物。黄土高原以北的毛乌素沙地、库布齐沙漠的形成时间，也比黄土高原形成时间晚200多万年。然而，黄土高原的黄土堆积时间却是从距今240万年前开始的，黄土高原的形成竟然比大沙漠的形成还早200万年。这两者之间究竟是什么关系？中国黄土的形成，是否还会有别的原因？这被中华子孙牵挂的黄土仍然有许多未知的疑问等待回答。

第三节　“能源流域”和“有色金属长廊”

农业文明依赖于土地和水，而工业文明的特征是矿产资源和石油、煤炭等有机能源的开发和利用。能源是现代工业社会的基础动力，有色金属则是信息产业和航天工业中不可或缺的重要材料。作为一个大国，重工业始终是国家综合实力的基石。在漫长的农耕文明时期，黄河流域用它广袤的黄土地为中华文明的兴盛奠定了坚实的基础，今天，在工业文明时期，在信息时代和探索宇宙的号角声中，这片土地再次为龙的传人敞开心胸，将丰富的能源和矿藏馈赠给人类，为中华文明的复兴和腾飞提供了动力。

在中国七大江河流域中，黄河流域的煤炭资源居第一位，油气资源和水电资源居第二位。从能源总量和主要品种来看，黄河流域不仅在全国七大流域中雄踞榜首，在世界上也难有其他江河流域可与之比美。其中，煤炭储量达到 6742 多亿吨，占全国探明总储量的 70%，煤层厚，煤质优，品种多，开采条件优越，且主要集中在黄河中游地区。由于许多优质煤层埋藏很浅，是露天煤矿，以至人们戏称：就地可以供货，有铲车就能开矿。在全国已探明超过 100 亿吨储量的 26 个大煤田中，黄河流域就有 11 个，其中鄂尔多斯盆地的煤炭资源约有 5900 亿吨，是世界八大煤田之一。目前，原煤产量占全国的半数以上，且 80%以上为优质煤。石油和天然气被誉为"现代工业的血液"，也广泛分布于黄河流域。黄河流域的石油储量占全国的 26.6%，主要分布在黄河中下游地区的胜利、中原、长庆、延长 4 个油田，其中，胜利油田是我国的第二大油田。黄河水电资源，在全国占第二位，仅次于长江。黄河水力资源集中分布在干流，干流可能开发的装机容量共 3128 万千瓦，年发电量 1137 亿千瓦时，占全流域可开发年发电量的 91.8%。其中，黄河上游野狐峡至青铜峡干流河段分布最多，占全干流年发电量的 51.8%。经济学中有一句话，就是规模出效益，指的是工业化大生产需要规模经济，以达到降低生产成本的目的。如此集中的水能资源，使黄河水电开发具备了进行大规模开发的基础条件，具有极大的经济性和可行性。此外，黄河流域还有丰富的太阳能、风能和地热等能源资源，是取之不尽、用之不竭的可再生资源。丰富的煤、石油、水电等能源资源如此集中地分布在同一流域，在世界大江大河中实属罕见，被人们当之无愧地称为"能源流域"，成为我国重要的能源基地。

黄河流域内矿产资源丰富，品种比较齐全，据 1990 年资料统计，在全国已探明的 145 种矿产中，黄河流域就有 130 多种，在全国已探明的 45 种主要矿产中，黄河流域有 37 种。在这些矿产资源中，有色金属和稀有金属矿产资源尤其丰富。黄河流域已探明的铝土资源占全国的 44.4%，全国 8 个规模巨大的炼铝厂，黄河流域就占 4 个。稀土因与超导等高科技产业密切相关，被称为"21 世纪的资源"。内蒙古河套地区的稀土矿储量高达 1 亿吨，分别占全国、世界的 98%和 80%，此外，锌、铅、镍、铜、金等矿产资源储量在全国也占有重要地位，以甘肃兰州为中心的黄河沿岸则被称为中国的"黄金走廊"和"冶金谷"，10 种有色金属的产量占全国的 11%左右。黄河上游及其邻近地区是名副其实的"有色金属长廊"，是我国重要的原材料工业基地。

在我国生产力发展战略布局中，沿黄河—陇兰经济带是东西向的主轴线之一。黄河流域98%的面积在我国中部、西部地带，在我们国家经济发展由东向西推进的进程中，担负着承东启西的纽带作用。伴随着国家西部大开发战略的实施和新亚欧大陆桥的开通，为流域经济发展提供了有利条件。流域内主要矿产资源与能源资源在地区分布上有较好的匹配关系，为流域产业经济链良性发展创造了良好条件。专家们还发现，我国虽然东、中、西部差异显著，但从资源条件来说，情况却是另一种样子。以矿产资源为例，按45种矿产资源潜在价值计算，西部占全国的将近50%，中部占全国的35%强，东部仅占不到16%的份额。这种情况值得我们注意。我们不能不感谢这条大河、这片土地，从富饶的黄土、滔滔的河水到多样的矿产、丰富的能源，她在黄河文明飞跃的每一个台阶，都为她的子民提供了最有力的支持。

长缨已在手，何时缚苍龙？这片载满古老历史的厚土，又一次为她黄皮肤子民的腾飞和辉煌做好了准备。

第三章　天之气候

北温带适宜而变化鲜明的温度，随季节改变而来临的季风，带给黄河流域类型多样而又光照充足、雨热同季的气候，也带给黄河时而平静、时而狂野的多变性格。它带给一个民族无限的生机，又留给这个民族不尽的灾害。

第一节　气温、阳光总相宜

气温是指地球表面空气的冷热程度，是气候的重要因素之一，也是影响物种生长的重要条件。作为热量资源，气温对农业生产关系尤为密切，特别是对农作物的种类和品种的分布、复种制度及产量等都有很大的影响。黄河流域所处的位置可以说是幸运的，上天再次眷顾黄河岸边黄皮肤的子民，赐予了他们足够的阳光和温度。

太阳的辐射是地球获得生命热量的源泉，是供给大气最主要的热源，也是大气活动的主要动力，所以它是形成气候的基本因素。太阳辐射的强或弱，也直接影响到地球表面的气温。对人类来说，阳光与水和空气一样，都具有同等重要的作用和意义。

黄河流域在全国范围内的日照条件，属于充足的区域，全年日照时数一般达 2000 ~ 3300 小时；全年日照百分率大多在 50% ~ 75%之间，仅次于日照最充足的柴达木盆地，却较黄河以南长江流域的广大地区普遍偏多 1 倍左右。黄河流域的太阳总辐射量在全国介于中间状况，北纬 37° 以北地区和东经 103° 以西的高原地带，为 130 ~ 160 千卡每平方厘米每年；其余大部分地区为 110 ~ 130 千卡每平方厘米每年，虽然不及国内西南部，尤其是青藏高原地区强，但普遍多于东北地区和黄河以南地区，为我国东部地区的辐射强区。

几千年来，人类在长期的农业生产实践中，不断总结经验，按照气温高低对农作物的生长期进行了归纳总结，即一年中日平均气温大于 0 摄氏度的天数是农耕期，日平均气温大于 5 摄氏度的天数是生长期，日平均气温大于 10 摄氏度的天数则是活跃生长期。与之对照，黄河流域的农耕期除河源地区只有 50 ~ 60 天外，大部分地区都在 150 ~ 200 天以上，都是适宜农作物生长的时间。

从气候带来说，黄河流经的大部分地区处在暖温带，不仅一年有四季，而且变化非常明显。黄河流域的冬季最冷月，即每年的 1 月，现在的平均气温在 0 摄氏度到零下 16 摄氏度之间。零下 16 摄氏度的等温线沿着内蒙古大青山一线延伸，0 摄氏度的等温线沿着黄河流域南部的秦岭、淮河一线延伸。0 摄氏度的等温线以南属亚热带，以北属于暖温带。暖温带的土地可以种植冬小麦，也适宜苹果、桃、李的生长。黄河流域的夏季最热月，即每年的 7 月，现在的平均气温一般在 18 ~ 20 摄氏度，北部的大青山地区在 18 摄氏度左右，南部的淮河流域在 20 摄氏度左右。黄河流域大部分地区处在这种暖温带气候带，冬季不像北面的蒙古高原那么长、那么寒冷，夏季也不像南面的江南地区那么潮湿、那么炎热，既有利于人的健康长寿，也适宜作物的生长。

温差悬殊是黄河流域气候的另一大特征。一般说来，海拔每升高 1000 米，平均气温就要下降 5 摄氏度左右。黄河流域随地形的三级阶梯，自西向东气温由冷变暖，而气温的东西向梯度明显大于南北向梯度。年平均气温为零下 4 摄氏度左右的最低中心处于河源的巴颜喀拉山北麓，流域极端最低气温出现于河源区的黄河沿站，曾有过零下 53.0 摄氏度的记录(1978 年 1 月 2 日)。年平均气温为 12 ~ 14 摄氏度的高值区则位于黄河下游山东省境内，但流域极端最高气温的记录出现在河南省洛阳地区的伊川站，其值高达 44.2 摄氏度（1996 年 6 月 20 日）。当盛夏 7 月，流域中、下游东部地区正是赤日炎炎似火烧的三伏时节，青藏高原上还是霜雪不绝、寒气逼人的寒冷时节，内蒙古草原上则是策马飞弓、灿烂宜人的好时节。巨大的温差使流域内形成了迥然不同、形态各异的植被类型区域，为农耕民族和游牧民族都提供了各自所需的生存空间。

从年日平均气温大于 10 摄氏度积温线的分布看，黄河流域上游大体上以青海省兴海县的唐乃亥为界，以上属青藏高原。一年内大于 10 摄氏度的积温值小于 1000 摄氏度，不适宜种植农作物，但适于牧草生长，有广阔的天然牧场，是中华游牧民族放歌牧马的天赐家园。唐乃亥以下的地区，尽管包括有黄土高原、山地和平原等不同土地类型，但年日平均大于 10 摄氏度的积温都在 1000 摄氏度以上，适合各种农作物的生长。其中青海省贵德以下的黄土高原区和宁夏、内蒙古河套平原，年内日平均气温大于 10 摄氏度的积温值为 1600 ~ 3400 摄氏度，大部分地区都适于小麦、玉米、甜菜等农作物生长，可以一年一熟，同时更适宜牧草生长，正是“天苍苍，野茫茫，风吹草低见牛羊”的好地方，从古至今，都有一望无际的大牧场。再往下是黄河中下游地区，年内日平均积温值都达到 3400 摄氏度以上，绝大部分地区适宜冬小麦、棉花、花生等农作物的生长，可以做到两年三熟，自古以来就是我国粮食生产的重要基地。

黄河流域气温的日较差也比较大，尤其是中上游的高纬度地区，全年各季气温的日较差为13～16.5摄氏度，均处于国内的高值区或次高值区。这种温差有利于农作物的生长，白天光合作用更充分，夜间消耗营养更少，这也是黄河流域出产的水果、农作物品质都比较优良的天然优势。民间有一俗语："夜里雨，白日晴，打的粮食没地方盛"。意思是说，夜里下雨使庄稼既吸收了充足的水分，又降低温度，起到减少养分消耗的作用，到了白天太阳辐射给了足够的温度，庄稼就会长的特别旺盛，一定会是个丰收年。黄河流域具备了这种气温日较差大的优越条件，所以不论种农作物还是经济作物，都有比较理想的天然优势。

第二节　季风起兮动四方

季风是影响黄河流域气候的主要因素。忽来忽去的季候风，本来就容易使所到之处气候变化，黄河流域则主要受到来自东南沿海的陆海季风和西北内陆的高原季风的交替拉锯作用，气候变得更为复杂。

位于北半球的中国大陆，在冬季盛行偏北风，而夏季呢，又盛行偏南风。这种在一年之中风向发生规律性季节更替的现象，被称做季风。冬季的西北风是来自寒冷干燥的亚洲内陆的冷空气。这种冷空气非常强悍，以至于我们称之为"寒流"，甚至每年冬季都会出现若干次。在这种频频南下冷空气的控制和影响下，我国北部既寒冷又干燥，雨雪稀少。夏季的偏南风包括东南季风和西南季风两种，东南季风来自太平洋，西南季风来自印度洋和南海。其中西南季风主要影响中国的西南和华南地区。但是，有时这一西南气流也会长驱直入，北上到达华中和华北地区，引起那里的暴雨。由于东南季风和西南季风来自湿润的海洋，空气中会含有大量的水汽，所到之处往往带来丰沛的降水，但如果遇上台风，强势运行之下，又常常形成强烈的暴雨。

在流域的年内降水量分布上，这种影响表现得淋漓尽致。黄河流域冬干春旱，夏秋多雨，其中，6～9月降水量占全年的70%左右；7～8月降水量可占全年降水总量的四成以上。流域降水量的年际变化也十分悬殊，年降水量的最大值与最小值之比为1.7～7.5。

由于黄河流域幅员辽阔，山脉众多，东西高差悬殊，各区地貌差异也很大。因此，流域内不同地区气候的差异显著，气候要素的年、季变化大，流域大部分地区年降水量在200～650毫米之间，中上游南部和下游地区多于650毫米。尤其受地形影响较大的南界秦岭山脉北坡，其降水量一般可达

700～1000 毫米，而深居内陆的西北宁夏、内蒙古部分地区，距离海洋数千里之遥，加上重重山脉阻隔，从东部太平洋吹来的温润东南季风已经鞭长莫及，而从南部印度洋吹来的西南季风又受阻于喜马拉雅山脉和青藏高原，所以降水量不足 150 毫米。由于降水量分布不均，南北降水量之比大于 5，这也是我国其他河流所不及的。

总的来说，黄河流域属于干旱少雨的地区，流域气候呈现出降水集中、分布不均、年际变化大的特点。

黄河"善淤、善决、善徙"的性格就与这种气候有着直接的关系。最直接的表现就是黄河中游的暴雨对黄土高原产生的大量侵蚀。黄河流域处于我国西北干燥区和东南湿润区之间，绝大部分属于干旱或半干旱的大陆气候。由于上中游为高山环绕，饱含水分的海洋气团不易深入流域内部，一经到达就多以暴雨形式出现。在异常年份，水汽来源特别丰沛，也会发生长时间的较强降雨。因此，黄河流域的降水量不仅年际间变化比较悬殊，年内分配也十分集中。黄河中游的黄土高原，在气候上绝大部分地区属半干旱、半湿润地带。因此，黄土高原地区旱灾面积大而且灾害频繁，但一旦降雨，多以暴雨形式出现，疏松而缺乏植被保护的黄土又被冲刷而下，使一条大河就此变成滚滚"黄龙"，给下游人民带来无尽的忧患。在黄河下游及其两岸平原，历史上受黄河河道变迁淤积的影响，岗洼相间，遇上多雨季节则排水不畅，因此春旱秋涝，旱涝交替，灾害十分频繁。

不均的降水使黄河全年 60%以上的水量集中在 7～10 月的汛期。由于黄河非汛期来水少，所以容易造成缺水断流，而且黄河流域年径流还存在连续枯水段持续时间长的特点，如 1922～1932 年发生过长达 11 年的连续枯水，年径流量比常年偏少 30%以上。反映在黄河的历史上，就是频繁而严重的旱灾。有文字记载的水旱灾害可以追溯到 3000 多年前。仅自第 7 世纪以来的 1400 多年中，黄河流域就曾发生大水 110 次，大旱 95 次。在历史上造成的后果也非常严重。根据历史资料统计，从明洪武元年（1368 年）至 1949 年的 582 年中，黄河流域出现大旱的年份达 107 年，平均每 5 年一遇，"赤地千里，寸粒不收，骨肉相食，十室九空"的悲惨景象史不绝书。鸦片战争后的 100 多年间，黄河流域的大旱以人口大量死亡损失惨重而载入史册。1876～1878 年，遍及黄河中下游各省的大旱灾，死亡人数达 1300 多万。1922～1932 年，流域发生连续 11 年的特大干旱，1929 年灾民达 3400 多万人，仅陕西省死亡人口就达 20.8 万。而且大量泥沙的存在，使黄河中下游地区的洪水灾害更加难以遏制，危害深重。

这种气候还造成黄河流域的冰雹多，沙暴、扬沙多。玛曲以上和大通河上游地区成为黄河流域冰雹最多的区域，每年多达 15 ~ 25 天，是国内的冰雹集中区。流域的宁夏、内蒙古境内及陕北地区，全年沙暴日数大多在 10 天以上，扬沙日数超过 20 天；有些年份沙暴最多竟达到 30 ~ 50 天，扬沙日数超过 50 天。

虽然季候风给人类带来了如此多的烦恼，但人们却对它充满了感激之情，因为它是黄河水源的主要输送者，也是被高原和群山包围着的华夏大地的主要送水者。来自温暖而湿润的太平洋、印度洋的季候风，为龙的传人带来了生命之水。

中国雨季的起讫和雨带的移动都是在季风的作用下进行的，海洋季风的进退、强弱与雨季的长短、雨量的大小有着直接的关系。在我国，一般年份，东南季风沿雨带于 5 月份在华南地区形成，6 月中旬，北进到长江中下游地区，当地出现“梅雨季节”。7 月中旬，雨带再次北跃，迅速进入淮河以北，我国北部，包括黄河流域的广大地区进入雨季盛期。8 月中旬季风开始撤退，雨带返回南方，9 月底东部的雨季先后结束。显而易见，黄河流域的年降水量主要集中在夏秋两季，这两个季节正是全年当中气温最高、光照最强、作物生长最旺盛的时期，这种雨热同季、水热共济的特点，对作物的生长非常有利。加上黄河流域大片疏松肥沃的黄土地，黄河流域这些得天独厚的自然条件，为我们的祖先提供了优越的生存环境，也使农耕文明在这片土地得到空前发展，攀上世界的顶峰。可以说，在漫长的农耕文明时期，上至皇帝、下到千百万黎民百姓，时时企盼的风调雨顺、五谷丰登都主要取决于每年东南季风的表现。以致先秦时期的《南风歌》中就这样吟唱：“南风之薰兮，可以解吾民之愠兮；南风之时兮，可以阜吾民之财兮。”

季风的作用不止如此。我们知道，年降水量在 400 毫米以下的只能维持草木植物的生长，400 毫米以上的则可维持农作物的生长。气温的差异影响到植被类型，从而促进了不同生产方式的产生，黄河流域降雨的差异同样影响了中华大家庭中游牧民族和农耕民族的活动空间。黄河流域的年平均降水量在 400 ~ 600 毫米之间，淮河以北地区年降水量可达 1000 毫米。年降水量 200 ~ 400 毫米的地区，主要分布在兰州至河口镇黄河右岸地区和河源区，以及唐乃亥至循化间的沿河地区，成为古代游牧民族的主要生养栖息地。而在年降水量 400 ~ 800 毫米的黄土高原区与整个下游地区，气候温暖，则成为主要的农产区。

第二部分

人类的足印

回望华夏历史的脚步，总是跳动着人与黄河相互作用、相互影响的脉搏，总与人类对黄河的治理开发交织缠绕在一起。宝贵的黄河水资源吸引了人类的开发与利用，泛滥的黄河要求人类对洪水进行防治，严重的黄河泥沙淤积则需要人类开展水土保持。

渔猎文明时期的人们，趋利避害，凭借手中简单的工具，努力抵御大自然的风雨。随着铁器的发明和畜力的广泛使用，农耕文明时期的人们开始大规模治理开发黄河，流域灌溉农业和航运业得到了大发展，人类开始了下游统一防洪治黄的新阶段。跨入工业文明时期的人类，以矿物能源为主动力，凭借强大的钢铁机械力，开始了雄心勃勃征服自然、改造自然的历程。从农业到工业，从引水到发电，从土地开发到水资源的综合利用，从下游防洪到全流域综合治理。人类的足迹覆盖了每一寸角落，我们已经很难分清哪里是自然的黄河，哪里是人类的黄河。

第一章　黄河水资源的开发利用

水者，“万物之本原”、“诸生之宗室”。在漫长的原始文明和农耕文明时期，灌溉农业是农耕文明时期的支柱产业，是国家稳定的基础命脉，也是水利事业兴盛变迁的主线。航运业则是国家战略物资运输的主要手段，构成了历朝历代交通运输的主动脉。而城市供水，在国家强盛时期，也得到一定的发展。发达的水利灌溉业和航运业，孕育、支撑起光辉灿烂的黄河文明，也曾步入低谷，导致经济社会的中心地位逐渐被南方所取代。

水利是农业的命脉。伴随着工业文明时期的到来，尤其是新中国的成立，黄河流域经济社会出现了复兴。工业革命为人类带来了崭新的动力，人们依靠电力，开始提水灌溉，使农田水利事业取得革命性的发展，城市供水、工业供水成为黄河流域经济社会发展的新支点，而水力发电以无污染、成本低、可再生的特点，横空出世，成为保障国家国民经济发展的“绿色能源”，黄河振兴的新动力。

第一节　渔猎文明时期——逐河而居谋水利

有水就有绿洲，有绿洲就有生命。黄河的每一条支流，都是一片生命的绿洲，每一片绿洲，都是人类文明得以滋长的天然温床。我们的先人，代代守着这条川流不息的黄河，黄河水就是人们赖以生存和发展的生命线。人们饮水的需要，农田灌溉的需要，水上交通线的需要，都促使人们与水打交道，与黄河打交道。

人类对黄河水利资源的利用有着十分悠久的历史。原始文明时期的人类逐水而居，华夏文明传说中炎黄二帝的氏族部落，最初也都居住在黄河支流渭河上游两岸的台地上，随着部落的不断发展、壮大，才沿河而下，逐渐迁移扩散到整个黄河中下游的平原地区。据说为了寻找理想的定居之地，黄帝率领族人长途跋涉，先是沿北洛河南下，到达今天陕西的大荔、朝邑一带，那里的黄土地给了他们发展农业的便利条件，但不时出现的干旱又困扰着他们，于是他们又东渡黄河，进入汾河谷地，再向东北迁移，最终在河北涿鹿附近定居下来。而炎帝率部东迁的线路，先是沿渭河东下，到达今河南西南部，再顺黄河东下，到达现在豫东地区，在那里安顿下来。今天，考古工作者仅在豫北洹水沿岸7公里的地段内，就发现十九处原始社会时期的村落，在西安沣水下游两岸约7公里的地段内，也有八处这样的村落。

农业是离不开灌溉的，在刀耕火种的原始农业阶段，人们利用烧荒的草木灰做肥料，也经常“负水浇稼”，保证作物的生长，这可以说是原始的灌溉了。利用黄河水资源，发展农田灌溉的活动也最早发生在黄河流域。早在公元前5000年，仰韶文化时期的居民已过着耕作农业生活，知道使用石斧、石铲、陶刀等农具。几处遗址都发现有粟的皮壳。西安半坡遗址还有藏粟的窖穴，人们已开始豢养猪、狗等家禽家畜。我们的先祖认识到把水拦蓄起来，到干旱的时候可以用来灌溉农田。相传大禹在治水的同时也曾“尽力乎沟洫”，发展水利“丰殖九薮，汩越九原”。在他疏导治水的方法中，要事先挖出水道，把洪水引导到低地。洪水消除后，水道就成为浇灌田地的沟渠。大禹应该算是最早引水浇地的人了。

自传说中大禹治水起至东周灭亡止(约公元前21~前256年)，历经夏、商、周三代，是黄河流域水利初步发展期。人类在自夏代之初进入了早期奴隶社会，随着生产工具的变革，生产力的发展，人类自新石器时代进入青铜器时代，加快了黄河流域水利的发展。先秦时期黄河流域的先民们已经发明了农田中的沟洫排水系统，修建了许多农田灌溉及供水工程。根据史书记载，商代已出现布置在田间的纵横交错的沟洫系统，那时的人们在耕地上开沟，宽一尺，深一尺，可能就是灌水的垄沟。西周时期的农田水利又有新的进步，在发展农业生产中，已能把一部分高地和下湿地进行平整，整修水源和渠道。当时秦岭之北、渭水之南的咸阳附近已根据地势开渠引水，进行自流灌溉，这是我国有关农田灌溉最早而又明确的记载。

春秋战国以前的农田水利基本上属于沟洫灌溉排水时期，其主要特点是利用天然降雨和自然径流灌溉和排水。当时建立在井田制基础上的农田沟洫已形成系统，按其功用不同和所控制的耕地面积大小分成若干等级，分别起着向农田引水、输水、配水、灌水以及从农田排水的作用，形成有灌有排的农田水利系统。在管理上还专设了管理水利的机构和官吏，“司空”就是当时专管水利的官职。应当说，春秋战国前的农田水利已经有了一定的规模，但还是处于比较低的水平。

第二节 农耕文明时期——水利灌溉育文明

农业是农耕文明的象征和基石。在漫长的农耕文明时期，流域经济社会的发展在很大程度上依赖于水利灌溉业的发展。马克思指出："利用渠道和水利工程的人工灌溉设施成了东方农业的基础。"在漫长的农业社会中，黄河水支撑起强盛的农业文明，支撑起黄河流域农业经济的命脉，从某种意义上讲，黄河的开发史也就是一部黄河水利灌溉史。

我国是世界上农业发展最早的国家之一，水利事业也有着悠久的历史。早在《诗经》、《禹贡》、《考工记》、《管子》等古代典籍中就有关于治水、灌溉的记载，古代的思想家很早就提出了"富国以农"(《韩非子》)、"国所以兴者，农也"(《商君书》)的思想。事实上，我国农业生产的每一次较大发展，往往都是以水利事业的发展为先导的。

黄河水利开发在北宋以前一直处于领先地位，北宋以后，由于开发环境的不断恶化，开发成本不断提高，南方逐渐超越上来。与此相应，黄河流域经济社会发展中心的地位也逐渐被南方所取代。这中间虽然有所反复和起伏，却无碍整个大的趋势变化。具体而言，从大禹治水到1949年以前，大致可以分为六个阶段，即历经夏、商、周三代的初步发展期，秦及两汉时期以黄河流域为主的大发展期，魏晋南北朝时期的黄河流域战乱频繁，向江淮流域发展期，隋唐五代至北宋的北方盛衰起伏、南方持续发展期，南宋历经金元，直至明初的向东南沿海及珠江流域发展期，明清至民国时期的全国普遍发展及衰落期。

春秋、战国时期，随着社会制度的变革、生产力的发展，铁器亦大量使用。到东周灭亡时，实行了2000多年的井田制已彻底土崩瓦解，与之相适应的沟洫制灌溉工程形式也不复存在，代之而起的是大规模引水灌溉工程的兴建。比如山西晋水上的智伯渠(公元前453年)，河北漳水上的引漳十二渠(公元前446～前397年)以及陕西泾河上的郑国渠等。兴建大型引水灌溉工程，需要进行取水枢纽和渠线的规划，需要有较高的石方和土方开挖的施工技术和相应的工具，这无疑是战国以后科学技术的进一步发展和铁制工具普遍使用的结果。

战国初期晋国修筑的智伯渠可被认为是黄河流域最早出现的大型引水工程。公元前453年，晋国的智伯联合韩、魏攻打晋阳城，即今山西省太原市西南的赵襄子，在晋水上作堰，引所蓄水灌晋阳城。虽然城未攻破，人们之后却将水攻时所修工程加以增高培厚，重新整理渠道，形成一个有坝取水的引水系统，作为向晋阳城供水的设施。原来堰下游河道成为多余水量的排泄通道，可用于灌溉，后人称之为智伯渠。智伯渠不仅是黄河流域最早出现的大型灌溉工程，也是我国最早出现的城市供水工程，至今该渠仍有灌溉之利。

战国末期，雄踞关中的秦国也十分重视发展水利事业。据《汉书·沟洫志》记载，临近秦国的韩国为不使秦出关攻伐，想出一个“疲秦”之计，派水工郑国去游说秦国兴修水利工程，以使秦把注意力集中于国内，无暇东侵。秦王采纳了郑国的建议，凿泾水，东注洛，欲以溉田。在工程进行中，秦王发觉郑国是韩王派来的间谍，打算杀死郑国。郑国却坦然地对秦王说：“臣始为间，然渠成亦秦之利也。臣为韩延数岁之命，而为秦建万世之功。”秦王听后认为有理，就让郑国继续主持这一工程。经过10余年的开挖，全部渠道终于完成。郑国渠长300余里，灌溉渭河北岸、洛河以西土地4万余顷，约280万亩耕地。原本贫瘠的盐碱地，经泾水富含的大量有机泥沙淤积，变为高产稳产的良田，昔日“泽卤之地”一时之间皆为沃壤。而且郑国渠的设计也十分巧妙，充分利用了地形条件，该渠约起自今泾阳县西北的仲山，渠首以下是干渠，泾水东面数百里、南北有数十里的大平原，地形西北微高而东南略低，干渠即充分利用这一地形特点，布置在高地的灌区，形成了全部自流灌溉系统。郑国渠的建成为以后关中农业的发展奠定了坚实的基础，关中成了秦国的“衣食之源”，秦国因此经济实力大增，最终完成了一统天下的大业。

强盛一统的秦汉，是我国封建社会巩固和发展的一个重要历史阶段。国家稳定，疆域广大，封建制生产关系进一步确立，生产力发展较快，水利大兴，是以黄河流域为主的大发展期，也是我国水利事业发展的第一个高潮。综观秦汉，黄河流域是当时全国的政治、经济、文化中心，统治阶级在重农抑商的经济政策之下，大力推广牛耕，提高耕作技术，特别是冶铁业的大发展，新式农具的出现和广泛使用，对以农业为主的封建经济是一个有力的促进。在黄河上、中、下游，都出现了大规模的农田灌溉工程。

作为统治中心的所在地，汉王朝对发展关中的农田水利给予了特别的重视。统治者以泾、渭河为中心，在距离京都不太远的周围，先后修建了长安漕渠、龙首渠、六辅、成国、灵轵、蒙茏等灌溉工程。汉武帝太始二年（公元前95年）兴建了白渠，引泾水改良土壤，灌溉农田4500余顷，当时留下一首歌谣：“郑国在前，白渠在后，衣食京师，亿万之口。”说明其对泾河下游的农业发展确实发挥了巨大的作用。武帝时修建的龙首渠，因山为黄土覆盖，用明渠开挖法施工，常常造成塌方，人们创造了井渠施工法，司马迁认为“井渠之生自此始”。继龙首渠之后兴建了又一个灌溉渠系即六辅渠，该渠虽规模不大，但为使有限的水源充分发挥灌溉效益，特制定了用水法规“开六辅渠，定水令以广溉田”，六辅渠水令是我国最早见于文献记载的水利法令，它在我国水利史上有着重要的意义。繁盛的长安关中地区“膏壤沃野千里，好稼穑，殖五谷”。

曾有人这样评价：“秦人以急农兼天下，孝武以屯田定西域。”由于汉时从西河郡以北，从朔方沿黄河设到湟水流域，是两汉政权北部和西北部的边防线。为了减轻边防需求对内地的经济压力，当时采用就地开发的办法，进行了大规模的浚河渠开屯田活动。如公元前 104 年，“上郡、朔方、西河、河西设田官，斥塞卒六十万戍田之”。可见规模之浩大。汉武帝时，上自甘肃中部、下至内蒙古自治区的五原县，沿河一带已广泛地修建起农田水利工程。相传今天宁夏境内仍存的汉渠即为当时所开。汉时，在黄河上、中游都已出现了大规模的农田灌溉水利工程，但主要在黄河的几大支流上，而真正引用干流水灌溉，则始自宁夏河套灌区，这也是黄河干流上第一个大型水利灌溉网。宁夏自古为羌戎等少数民族的游牧地区，秦称北地，汉称朔方。这一地区气候干燥，雨量稀少，年降水量在 400 毫米左右，土地平旷，发展农业，首先必须解决灌溉问题。在较早文献中，找不到秦朝曾在这里兴建水利的记载。不过秦人曾在此凿渠的传说却广为流传。据说秦统一中国后，为富国强兵，就在青铜峡北口右岸开渠 150 里，溉田 11 万亩，后人称为秦渠，后又在河西开辟北地新渠，成为汉延渠前身。西汉前期这一地区的引黄灌溉已初具规模，汉时又先后开凿了 20 多条渠道，后世有名可查的汉伯渠、光禄渠、尚书渠、七级渠、高渠等古渠，其原始渠道多被认为是汉代所建，据估计，当时农田灌溉面积达到 200 多万亩。

此外，西汉时期建成的大型灌区还有山东省临淄、广饶一带的钜定灌区，泰山南麓的引汶灌区，山西境内的引汾灌区等。总之，从黄河上游的甘青地区、黄河中游的关中腹地到黄河下游的山东地区，水利灌溉工程星罗棋布，它们为汉代农业的发展奠定了坚实的基础。

自东汉末至隋政权建立，是历史上的魏晋南北朝时期，是中国水利向江淮流域发展，我国以陂塘为主的蓄水工程大发展时期，而黄河流域则陷入动荡分裂，从三国鼎立，到五胡十六国的割据、南北朝的分治，灌溉农业大受破坏。由于江南水源丰富，政治中心南移，北人南迁，农业迅速开发，技术随之提高，于是南方水利渐多。黄河流域虽于战乱间歇稍恢复农田水利等，各统治集团为了解决军粮的供应和稳定其政治局势，也都相继在其统治范围内实行屯田或奖励农耕的措施，兴办或恢复原有的水利设施，但无补于大局的衰落。

战乱使富庶繁华的黄河流域田园荒芜，“白首露于野，千里无鸡鸣，生民百遗一”，一片凄凉、破败景象。隋代由于农业生产的需要，在京师所在地关中及其周围，先后兴修了一批农田水利工程，如永丰渠、普济渠、茂农渠、白渠、金氏陂等，使长安周围普遍使用了灌渠。进入唐王朝初期，经历了一百多年的和平发展时期。在发展生产的过程中，唐王朝十分重视农田水利的建设与管理。当时在中央尚书省工部下面，专门设有水部，同时还设有都水监，在某些情况下，还特设了渠堰使、渠堰副使等职务。在中央官署的统一管理之下，各地方亦有义务过问有关水利事宜。各工程所在之处还要设立渠长、斗门长，管理水利设施的具体事务。这套体制一直沿袭到清代。唐代还颁布了一部有关水利的法规《水部式》，对兴建和维修水利工程的技术、管理等进行了明确要求。由于采取了有力的措施，推行了一系列有利于统一安定和发展生产的政策，唐代农田水利得到普遍发展，并在前叶形成高潮，人口也迅速增加。天宝十三年，唐的人口已由贞观初不足300万户增加到900多万户，全国人口总数达到5200多万，开垦的耕地面积也超过1400万顷。

唐代比较集中兴盛的农田水利有三处。一是关内道，二是河东道，三是东都洛阳。

唐代的关内道大致包括今陕西省的中部、北部，甘肃省的东部，宁夏及内蒙古的河套地区。地域范围东起黄河之滨，西至陇山东麓，南自秦岭，北抵河套地区。关内道是京城长安的所在地，也是黄河流域农田水利最兴盛的地区。黄河及其较大支流如渭河、泾河、洛水、无定河，以及长安附近的沣、浐、灞诸水，都修建了灌渠和水利工程。所谓“八水绕长安”，就是唐代京城附近水利网的生动写照。和关内道隔河相望的河东道，也是唐代的重要农业地区之一，这一地区的农田水利灌溉工程主要是引汾河之水，浇灌汾河两岸的农田。由于水利灌溉的兴盛，河东地区成为富饶的产粮区，成为京师漕粮的重要供应地。洛阳是唐代的东都，又是漕运的必经之地，所以唐代在洛阳周围，西自今天河南灵宝，北到孟州、怀州，南到汴州，都兴修了一批水利工程，引黄河和伊、洛、沁、汴等河水为农业生产服务。

唐代黄河流域农田水利事业的发展与衰落，大致经历了三个阶段。从唐初到元天宝年间，水利工程如雨后春笋般兴起，欣欣向荣，是农田水利事业的大发展时期。《新唐书·地理志》中所记的水利工程，关内道共25处，有具体年份的23处，其中13处是天宝十三年以前兴修的。河东道共修17处水利工程，16处为这一时期所兴建。东都洛阳周围各州黄河水系的水利工程共11处，其中10处是天宝十三年以前建成的。从天宝十四年(公元755年)“安史之乱”到唐文宗开成末年(公元840年)，是唐代水利事业由停滞到衰落的过渡时期。这时，由于“安史之乱”所引起的长期战争给繁荣的农业经济以致命的打击，地方分裂割据势力逐渐形成，在农田水利方面虽又修了一部分工程，有的规模还相当可观，但毕竟失去了唐前期那种蓬勃发展的气势，新灌区增加不多，旧灌区日趋缩小，农田水利事业逐步走下坡路。唐武宗以后，朝政更加腐败，藩镇割据演变成了不断的战争，农民起义的烽火也到处点燃，唐代水利事业进入了彻底没落的时期。这六十多年中，除在关中地区整修了规模较大的六门堰外，几乎再也听不到兴修水利的消息。一度极为兴盛的唐代黄河流域农田水利事业，至此基本上陷于荒废了。可见，国家的治和乱对于农田水利事业的发展，有着多么密切的关系。

总而言之，隋唐五代至北宋灭亡期间，是中国水利南方持续发展、北方兴衰起伏期。总的发展趋势，盛唐时对于农田水利工程的兴建，规模较西汉盛时有过之无不及。水利科技方面也比汉代有较大的进步，水利技术与管理、提水和加工机械、城市供水、测量制图等，都有了新的成就。范围上西北及中亚，东南及江南。农田水利至唐中叶"安史之乱"后，北方在此衰落而南方日益繁盛。北宋虽号称一统而北有辽，西北有夏，农田水利在北方仅稍胜唐代后期，唯长江下游及太湖流域有好田。历经唐宋两代，由于北方战乱频繁，大量人口南迁，全国经济重心随之逐步南移，掀起南方开发的热潮。围田自唐中期起迅速发展，宋代以后成为重要的水利事业，带来了湖区水利的大发展。

北宋时期，黄河流域新建较大的农田水利工程不多。然而，北宋也有一个显著特点，就是宋神宗年间曾经出现过一次水利高潮，而且是根据黄河浑浊多泥沙的特点，以较大的规模进行了引黄放淤的实践，把黄河水沙的综合利用提高到了一个新的阶段，是黄河流域农田水利的新阶段。

北宋神宗年间，王安石入朝辅政，大力推行新法，励精图治。这个被列宁誉为"中国十一世纪最伟大的改革者"，在神宗熙宁年间，亲自主持了一场内容广泛的变法。他从"理财以农事为先"的经济政策出发，对水利事业极为重视，主持制定了《农田利害条约》(亦称《农田水利约束》)。《农田水利约束》共有八节，主要内容包括鼓励兴修水利、规定施工前决策程序、制定兴建水利工程的原则和方法等。这部带有法律效力的条约，充满了变革精神，掀起了一个席卷黄河流域和全国的水利建设高潮。几年之内，全国兴修水利田"府界及诸路凡一万七百九十三处，为田三十六万一千一百七十八顷有奇"。据《宋会要辑稿·食货》记载，熙宁变法期间，北方行政区内共建农田水利830多处，灌溉面积达到13.28万顷以上。

熙宁年间大兴农田水利之风的另一项重要政绩，就是掀起了前所未有的引黄淤灌高潮。

利用黄河流域多沙河流放淤造田和肥田，在战国时期已有记载，唐时已开始兴建放淤工程，但在熙宁时期才普及开来。这项活动是从京都所在地的开封府开始的。放淤得到了官府的大力支持。王安石十分赞赏放淤造田之法，把它作为迅速发展黄河灌溉事业的一项重要措施加以推广。当时的神宗皇帝，为“受利农民”，不仅多次派太监深入淤区了解麦子生长情况，甚至还亲尝淤土的滋味。宋代还先后设置都大提举淤田司、总领淤田司等专门机构主持淤田事务。在皇帝和宰相的大力支持和倡导下，北宋的大放淤，涉及黄河下游、中游，包括京东、京西、河北、河东地区，面积之广不仅宋前所未有，宋以后也是罕见的。到熙宁四年，经过几年放淤，已取得较为显著的效果。熙宁四年，宋神宗和大臣谈到淤田时指出，淤过的土地细如面，“中人视麦者，言淤田甚佳，”当时引汴水淤开封府界闲田，甚至引干断流，为了淤田，还曾经把北宋视为命根子的漕运暂停两旬，可见对放淤的重视。虽然由于缺乏统一规划、官员急功近利等原因，在当时也出现过一些负面效应，但总的来说，放淤以后，从史书的片断记载看，不少地区的贫瘠地变成了沃壤。汴河两岸“咸卤之地，尽成膏腴，为利极大”，仅开封府界淤出的淤田，就岁“增产数百万石”。河东淤灌区内原来仅值二三千一亩的田地，地价因施淤而一下子上升了三倍，产量也由亩产五六斗提高到两三石。就连反对放淤的官员也不得不承认，黄河所淤“宿麦之利，比之他田，其收十倍”。真是“淮渭一石泥数斗，直是万顷黄金钱”。

自宋之南迁到明初，历金宋对峙至元明统一，是中国水利向东南沿海及珠江流域发展期。此时南方自宋至明遍及长江下游及珠江下游，农田灌区渐次开发，江浙农田水利之盛为前代所无，农业经济中心从此长期在南。而同一时期的北方水利，由于治黄不力，黄淮两河灾害日重，加上北宋以后多年的战乱，使大河上下已有的灌溉设施遭到严重破坏。相对南方的蒸蒸日上，北方黄河流域的水利事业显得日趋衰落。

金代关于黄河流域大型灌溉工程的具体记载已经很少。但金代对农田水利还是进行了一些修复。元统一中国后，世祖忽必烈是一位迅速摆脱游牧经济的束缚，顶住蒙古王公们的压力，注意发展农田水利，推行劝农政策并有所成就的难得的蒙古统治者。他曾昭告天下“国以民为本，民以食为本，衣食以农为本”。确定了重农的国策。在忽必烈的支持、授命下，郭守敬提举诸路河渠，并使古老的宁夏灌区获得了新生。元世祖统治年间，还部分恢复了河东的灌溉事业。元初还整修了三白渠，使关中引泾灌区得到了初步恢复。世祖以后，黄河流域的农田水利以维修为主。

明清时期，既是中国手工耕作农业条件下水利的全国普遍发展期，也是其盛极而衰的衰落期。

这个时期，从全国来讲灌溉工程技术已经基本成熟，门类基本齐全，这促进了老灌区向深度发展，同时推动了水利技术在边疆和偏远地区的传播和推广。各种灌溉工程特别是小型引水、蓄水工程在这些地区普遍兴建。当时的渭河、汾河以及沁、伊、洛等其他支流的小水利工程星罗棋布，几乎遍布各地。清代基本上每个省区、每个水系都普遍兴建了灌溉工程。

当脸朝黄土背朝天的人工耕作方式在黄河中下游的水利开发趋于饱和的时候，务农的人们开始将目光投向了黄河的上游，投向历史上一向是游牧者游荡的地方，其表现，就是边疆和偏远地区灌溉工程的建设和发展。明清时期黄河上游的宁夏、内蒙古河套地区及青海省湟水流域等地的农田灌溉有了较大发展。

由于不断整修、扩建，明代宁夏灌区始终保持了良好的灌溉效益。宁夏灌区，分中卫、河东、河西三个区域，据《嘉靖宁夏新志》(卷三)统计，仅中卫地区的美利、白渠、七星、柳青等12条著名引黄干渠，就灌溉21.54万亩农田。终明一代，宁夏灌区始终发挥了作用，促进了当地的农业生产。清初发展到最盛时，主要渠道近30条，灌溉面积达150万亩以上。除了前代兴修的灌溉工程继续发挥作用外，清初还重修了原有的汉延渠和唐徕渠，康熙、雍正年间又兴修了大清渠、惠农渠、昌润渠，与唐徕、汉延二渠合称“河西五大渠”，加上河东的秦渠、汉渠和中卫地区的引黄灌区，宁夏地区已形成纵横交错的庞大水利网。清代内蒙古河套地区的灌溉事业也有了长足发展。清初，汉人偶至其地，“于近河处，试行种植，大获其利”。以后来此开垦者剧增，至清光绪二十九年(1903年)，这里已有永济渠(原名缠金渠)、长胜渠(长济渠)、丰济渠(又名中和渠)、沙河渠(永和渠)、义和渠、通济渠(老郭渠)、塔布渠等八大渠，渠长近800里，加以20多道小干渠，灌溉面积近1万顷。使原本荒芜的原野变为阡陌相望的富饶之乡，“黄河百害，唯富一套”之说，从此不胫而走。在宁夏灌区，清代在用水和维修方面也积累了丰富经验，订立了比较完备的规章制度。为了不使泥沙淤塞渠道，在各段渠底都埋有底石，上刻“准底”二字，每年春季在渠道清淤时，一定要清除到底石为止。放水时，规定将上段闭塞，先灌下游，后灌上游，周而复始。这就保证了农田的用水需要，为干旱的宁夏地区夺取丰收创造了条件。

黄河上游的青甘地区，明清时期的农业灌溉也有较大发展。明初设立卫所，进行屯垦，引黄河、湟水灌溉农田，仅在西宁卫所就有渠道20余条。明代甘肃境内自平凉到泾川，广达数百里，土质肥沃，宜于灌溉，但很少开发利用，泾河水利工程建成后，“可溉田三千顷有奇”。到清代前期，黄河、湟水、大通河两岸，灌渠增多，乾隆时共计引水干渠220条，约可溉田54万多亩。昔日的缺粮边障，现已自给有余。在黄河的主要支流如大夏河、庄浪河、洮河、大通河、泾河、渭河等河流上,都兴修了引水灌溉工程。仅据狄道州、河州和平凉、正宁、永登等县的统计，灌溉面积已达 80 万亩以上。农业生产出现了繁荣兴盛的景象。

另一方面，日益严重的黄土高原水土流失，大大增加了黄河中下游干支流的泥沙含量,从而严重影响到灌渠功能的发挥。加上社会制度的腐败落后,内忧外患加剧，国家积贫积弱，水利发展逐渐陷于停滞。关中灌区的衰败成为最好的缩影和写照。

关中灌区自秦汉以来，就是全国农田水利体系中的龙头，是一顶耀眼的王冠。但到了明清时期，这顶王冠也失去了原来的光芒。最为典型的就是泾水下游引泾灌渠的命运。在关中灌区，引泾灌渠的历史最为悠久，从秦的郑国渠到元朝的御史渠，历代整修、改造，扩建不辍。可以说，泾水在渭河水系中为人类做出的贡献最突出。但到了封建社会的后期，泾水的地理条件、水文条件等发生了很大的变化，含沙量的持续提高，给古老的灌溉系统带来了两方面的冲击，一是河水下切速度加快，造成渠口悬出水面，自流引水受到制约。二是渠道淤积现象日益突出。早在元代重建引泾灌区时，就把改造渠首当做了工程重点，在泾水兴建了渠首堰以壅高水位，解决引水困难。到明清时期这一难题就更加突出了。而河水含沙量的增大使灌渠的淤积现象日益突出，元代至元年间，有的高达 35 尺，“下窥渠面，如视井底”。经元一代，引泾灌渠已经瘫痪了。明初引泾灌区的修复被列为陕西官府修复计划之首。明洪武八年（1375 年）、三十一年（1398 年）两次发军夫 10 多万人次对渠道洞闸进行疏浚。明永乐三年（1405 年），再次发夫 3 万整修，但效果都不理想。明成化、嘉靖年间，又再次进行整修，开新渠口、修新渠洞，但成效极小。到明天启年间（1621 ~ 1627 年），引泾灌渠的实际灌溉面积已经缩减到了 750 多顷。清雍正、乾隆年间，又两次改建，功效同样很小。到了乾隆二年（1737 年），由于泾河下切，新建渠口引水也日渐困难，不得不关闭渠口，从此结束下游灌渠引泾水灌溉的历史。虽然明清时期先后开发了泾水上游、秦岭南山北麓谷水的利用，但都无法重振关中灌区昔日的辉煌。清代末年已是大多湮废，“食利无多”。

第三节 串联江山与文明的航运

黄河航运兴起于原始文明时期，在农业文明时期达到鼎盛，历史上曾经发挥过重要作用，对黄河文明的兴盛发展起到了相当大的促进作用。

远古以来，黄河就是我国内河航运系统的骨干，并成为促进当时人类社会发展的重要因素。传说在原始社会，人类用石器“刳木为舟”，创造了最早的水上交通运输工具。《史记》中也曾描述大禹治水时“陆行载车，水行载舟”，想来那时已经有了舟楫。根据在沿黄河两岸地带发现的大量的仰韶文化遗址和龙山文化遗址，以及在三门峡河心的鬼门岛上发现的仰韶文化和龙山文化的陶片和石斧，有理由认为，早在新石器时代，中华民族的先民就利用黄河进行航运。位于古代黄河的支流之旁的安阳殷商都城遗址，出土的甲骨文中，有大量的“舟”字，还记载有许多关于驾船航行的事件，并且出土了鲸鱼骨、海螺等海生动物的残骸或遗存。这些事实表明，在殷商时期，黄河不仅能航行，而且很可能还是一条很方便的交通通道。从历史看，战国时期一些重要的城市差不多都设立在水道沿线。这些地方大都因为水运方便、农业发达，先后发展成为经济中心和政治中心。这说明航运已成为各诸侯国发展的重要条件。汉刘邦大败项羽后，张良建议定都关中，其理由就是关中地理位置重要，又有黄河通航之利。历朝历代在黄河流域建都的，从西安到洛阳，从开封到郑州，都选取在河流干道附近。

黄河水道作为重要的交通运输通道，在国家统一、朝代轮替的军事斗争中，同样扮演了重要的角色。西周时期，武王伐纣，4.8 万人渡过黄河“盟津”渡口。东晋太元八年（公元 383 年），符坚率大军数十万从长安出发到淮河流域去攻打东晋，这次战争就是历史上有名的“淝水之战”。符坚的队伍水陆并进，“运漕万艘”，沿江、河分路顺流东下，可见船运规模是很大的。

在漫长的农业文明时期，在保持国家稳定的物资流通中，黄河也发挥了不可磨灭的功绩。春秋战国时期，公元前 647 年冬，晋国因灾荒，有大批船只从秦国的都城经渭河、黄河和汾河运粮到晋国的都城，史称“泛舟之役”。北宋时期都城向东迁到开封，为保证军队和百姓的需要，宋代每年都要沿黄河水道运送大量物资，其中很重要的物资是木材、薪炭和木炭，如北宋治平二年（1065 年）一年，仅由陕西、吕梁山等地顺黄河就运送薪炭 1713 万斤、木炭 100 万斤。金迁都开封后，由于江南地区为南宋占据，关中地区成为金朝政权获得粮食的重要来源，黄河水运对金朝政权有着很重要的意义。如金开兴元年（1232 年），金军用二百余艘船只运送数十万斛军粮沿黄河东下至灵宝、硖石官仓。清代康熙《韩城县志》记载康熙年间“每数十万艘，连尾上下，自韩而命阳、朝邑、同州、潼关、华阴，自河达渭，至于长安、邹县之西，载以易粟，岁以为常”。可见在漫长的农业文明时期，航运构成了中华古老王朝内部沟通连接的大动脉，黄河水系作为重要部分，为国家的统一和稳定，为文明的兴盛和传播，都做出了重要贡献。

历史上的黄河航运有三个比较突出的特点：一是黄河航运史就是一部人类改造黄河流域自然水系条件、开凿人工河渠、发展水运的开发史。二是黄河航运主要集中在黄河下游两岸地区和中游的渭河、泾河支流地区，与当时的国家政治经济重心紧紧相伴。三是与漕运紧密相连、与政权休戚相关。

由于水路运输比陆路运输费用低、运输量大，所以当朝者都高度重视水运。中国地势西高东低，河流的流向也是自西向东。人工运河起到了沟通南北各河流水系之间的作用，所以历史上定都关中一带的朝代，其交通网络往往是向关中汇聚，而定都中下游的朝代，大都把目光投向黄淮之间沟通南北的运道。

人类在开发黄河水运的过程中，先后开挖了许多重要的人工水系。黄河南岸的鸿沟水系及其后的汴渠、通济渠、济州河，北岸的永济渠，直至著名的、贯通南北的隋唐大运河等，都曾引黄河及其支流的水济运或穿越黄河。从先秦到魏晋南北朝，以长安、洛阳为中心，人工开挖的鸿沟和黄河、渭河构成了一个水运网络。战国时期的开挖鸿沟是黄河航运史上的一件大事。公元前 362 年和公元前 340 年，魏惠王两次动工开挖鸿沟，终于在河淮之间形成了以鸿沟为骨干的水运网络，连通了中原地区的大小河流，将齐国的运河、南方的长江连接起来，促进了各诸侯国的政治经济发展，加强了各地区的经济文化联系，客观上也为秦始皇统一中国创造了有利条件。自隋唐至北宋，南北大运河和以洛阳、汴梁为中心的黄河把黄河水运推向繁荣时期。隋代的建立，结束了我国长期分裂的局面，使社会生产力获得了恢复和发展。在统一全国的短暂几十年中，隋代开凿了广通渠、通济渠和永济渠等大型人工运河，完成了南起今扬州、东通洛阳、北达河北的南北大运河，其中洛阳至江都河段可以通航“长达二百尺、宽五十尺、高四十五尺的大型龙船”，具有相当大的通航能力。南北大运河全长 2500 多公里，沟通了黄河、长江、淮河和海河水系，为我国古代水利史写下了光辉的一页。唐朝诗人皮日休的诗《汴河怀古》这样评价：尽道隋亡为此河，至今千里赖通波。若无水殿龙舟事，共禹论功不叫多。元明清三代，国家的政治中心在北方，经济中心在南方，各种物资无不仰仗于江南。南起杭州、北达京师，贯通江、淮、河、海四大水系，全长 3000 余里的京杭大运河开通，使黄河水系的航运达到鼎盛时期，成为串联文明、稳定几代王朝江山内部平衡和沟通的经济大动脉。

黄河的水文和河道特点是，含沙量大，“善淤、善决、善徙”，而且存在着明显的枯水期和丰水期，水运条件较差，给黄河水运的全面开发带来了非常不利的影响，通航河段有限。黄河上中游河段，自古以来，只能以皮筏、小型木船作区段水运，运量很小。仅在北魏时期，曾自薄骨律镇（今宁夏灵武县东南）开辟河道至沃野镇（今内蒙古乌拉特前旗南），使得这段河道的水运有所发展。黄河航运主要集中在黄河下游两岸地区和中游的渭河、泾河支流地区，围绕着国家的政治、经济中心展开。历史上黄河中下游的西安、洛阳、开封等地曾先后作为国都，与之相关部分河段的水运得到重视和开发。

从唐代到元代，黄河航运条件的总趋势是向越来越困难的方向发展。为了保证航运的畅通，历朝历代都进行了大量的整治工作，成为农耕文明时期治黄的有机组成部分，这也是这一时期的特点之一。

隋文帝开皇十五年(公元 595 年)，“诏凿砥柱（今三门峡）”，在汴口“增筑汉古堰，遏河入汴”。由于隋代渭河的航运条件明显恶化，为此还开凿一条运河，名为广通渠，引渭水经长安，沿渭河南侧到潼关与黄河相通。隋炀帝在公元 605 年开通济渠，引河通淮，进一步改善黄河连通淮河的水运条件。唐代曾一度用大量人力在三门峡开凿栈道，还曾开凿一条人工河道，名为开元新河。后人评价，唐代对三门峡进行修凿工程之浩繁、用工之艰辛，是历史上其他任何朝代所不能比拟的。

两汉期间，发展航运在黄河流域的水利事业中也占有重要的地位。为了管理渭河和黄河上的航运，汉高祖元年（公元前 206 年）就在潼关设司空，后来又置船司空。汉武帝时为缩短关中水运的距离和时间，采纳大司农郑当提出的开直渠通漕的建议，征发民工数万人，用了 3 年时间，最终修成的长安漕渠自长安引渭水，经渭河南岸的秦岭北麓向东，到潼关附近汇入黄河，大大提高了黄河水运的通航能力和漕运量。

即使在战争频繁的魏晋南北朝时期，由于迫切需要利用水路运输军队、军粮，当政者在黄河南北两岸先后开凿了不少人工运河，对黄河河道的险要地段也进行了一定的整治，使航运事业在汉代的基础上得到了进一步的发展。统治北方的曹魏政权，把淇水、漳水等河流与黄河相连通，构成了北面可达华北平原东北端，南面可达淮河水系，以黄河为主干的水运网络。为改善京都洛阳和关中的运道，魏晋时期多次组织人力，大规模修凿栈道，在陕州整治三门峡险滩，实施开河工程，曾保持五千余人的队伍常年修治此段河道，改善了河、洛漕运。这也从一个侧面反映了当时黄河航运的重要和频繁。西晋灭亡后的百余年间，东晋王朝和北方的燕、秦等政权也都整修和开凿了一些新的运渠。北魏对漕运事业的开发比较重视，先后进行了黄河中游薄骨律到沃野镇（今内蒙古乌拉特前旗南）、“通洛入谷”、“修汴、蔡二渠以通边运”、黄河中游峡谷段的疏河等整治活动，进一步开发了黄河水系的漕运事业。

宋王朝对汴口的治理、汴堤的维修养护、河道的整治疏浚都有具体的措施。对于河道的淤塞，除采取疏浚措施外，还创造性地实行了“木岸狭河，扼束水势”的办法，在“岸阔浅漫”的河段，修筑木岸，缩窄河道，取得了较好的效果。还曾经引洛入汴，改善河道。为了发挥黄河水道的作用，宋代也多次修凿三门峡栈道。

明迁都北平后，南粮北调任务日益加重，因此进行了整修会通河和黄河的工程，使南北大运河全线畅通。然而，由于徐州北至临清一段往往受黄河北决冲淤，徐州南至清河一段以黄河为运道，漕运常受黄河干扰，时通时塞。终明一代，治河、治运纠缠在一起。面对河、运交叉的形势，明人既害怕黄河冲毁或淤塞运道，又希望利用黄河之水补充运河，开展了大量的治河、治运实践。景泰年间，徐有贞的治理沙湾，弘治年间白昂、刘大夏的治理张秋，都是由于黄河从河南境内改道北犯沙湾、张秋一带，冲毁会通河，阻断了漕运引起的。为防止黄河冲毁徐州上下的运道，不使徐州以南的运道因缺水而受阻，明人还另开新运道以避黄河之险。经过总河盛应期、督理河漕的朱衡，以及其后的总河翁大立、舒应龙、刘东星、李化龙、曹时聘付诸于行动，经过持续治理，新航道终于通航，“自直河至李家港二百六十余里，尽避黄河之险”，“运道自此大通”。但是，明人避黄行运的目的直到明末也未完全实现，仍有近二百里的途程需要以河代运。

清代国家所需粮食，仍然来自于江南的供应。由于明末清初连续四十多年的战乱，黄河堤防失修，多次北决，南北漕运受到很大影响。淮安的清口作为黄淮汇合之处，也是漕船出入运河的咽喉，康熙、乾隆多次到此巡视。有清一代“治河、导淮、济运三策，群萃与淮安清口一隅，施工之勤，糜帑之巨，人民田庐之频岁受灾，未有甚于此者”。清康熙年间，在邳以下开挖了中运河，再避黄河之险180余里，除黄、淮、运交汇处外，黄河和运河基本脱离，以黄代运的局面才最终结束，进一步便利了漕运。

在历朝历代对黄河水系持续不断的大规模改造背后，最吸引决策者目光的，实际上是北方王朝对南方属地供给的粮食的强烈需求、对其他各种物资的强烈需求，是对粮食等物资供应的深深依赖。黄河有文字记载的水运可以上溯到4000年前，其中有3000年的漕运史。漕运，成为支撑黄河古代文明和北方政权的强大动力。

从秦代开始，黄河下游的粮食就被大量地通过黄河水道运到关中和黄河中游的其他地区。秦始皇在黄河与鸿沟交汇附近的敖山（今荥阳广武山）修建规模宏大的敖仓，作为水运的转运站，将来自东南方的财货溯黄河西运至西安。西汉时期，随着长安人口的不断增加，经漕运送往长安的粮食与日俱增，汉武帝初年每年已达“四百万石”，后来又增加到“六百万石”，西汉成帝时的一次河决，曾“发河南以东漕船五百艘徙民避水”，可见当时河漕的繁盛景象。

隋代开凿的南北大运河，连通了长江、黄河和淮河水系，使唐宋以来都坐享便利，对水运的发展具有不可磨灭的贡献。唐天宝三年，年漕山东粟400万石。由于黄河、渭河水沙条件的变化对航运造成的困难，唐代还针对不同河流制造了不同类型的船只，使“江船不入汴，汴船不入河，河船不入渭”，通过倒仓运输的办法来运输。晚唐诗人李敬方在《汴河直进船》中写道：“汴水通淮利最多，生人为害亦相和。东南四十三州地，取尽脂膏是此河。”

宋代定都开封，黄河及京城开封周围的渊河、广济河、惠民河、金水河等，都在漕运方面发挥了重要作用。特别是汴河，在北宋一代的经济交流中发挥了更为显著的作用。它上接黄河，下通淮河、长江，像输血管一样，将江、淮一带的粮米，四面八方的百货，源源不断地运到开封，供应宋统治者和一百多万军民的需要。宋代曾创下了“年运量八百万石”的黄河水运和漕运记录。宋太宗在一次视察汴河决口时，就曾明言：“东京养甲兵数十万，居人百万家，天下转漕，仰给在此一渠水，朕安能不顾？”

元代定都北京，所有的供奉都由江南水运而来。为了方便运输，先后在山东、河北地区开通了济州河、会通河与通惠河，连接京都与江南的水运，试图在我国东部地区开辟一道连接京城大都与江南的航道。虽然这条运道终元一代并未发挥很大作用，但却为明清改建奠定了基础。并最终经过这两朝的改建，形成了世界闻名的京杭大运河。

保障漕运安全是明清以来黄河下游防洪的一项重要任务。朱元璋北伐时，由开封运粟，溯河以给陕西，甚至还转运到宁夏和河州（今甘肃临夏）。清康熙皇帝还曾把“保漕”与“削藩”、“河事”同列为必须亲自过问的三件大事。明代南北大运河和元代大致相同，是利用我国东部地区的一系列河流和湖泊，加以改造、连接而成的。明永乐年间，动用山东百姓16万人，用了200天的时间，对山东运段进行整治，使河运能力大大加强。大运河南起杭州，通过江南运河、淮扬诸湖、黄河、会通河、卫河、白河、大通河，北达京师以东通州大通桥，全长3000余里。明永乐以后的200多年中，大量粮米百货通过这条运河源源北上，基本满足了明统治者的需要，促进了城乡经济交流，对明王朝的巩固起了重要作用。进入清代以后，这条运河继续担负着南粮北调的重要任务，一直到清咸丰五年（公元 1855 年）黄河改道后才告中断，前后历时 400 多年。

随着人类对水资源的过度开采引用，黄河水资源开发利用成本日趋提高，水资源短缺的问题日趋严重。大自然开始对人类提出越来越多的警示。航运的消失就是工业文明时期大自然的第一个警告。

1949 年以后，黄河下游水运曾有所发展，上自开封，下达利津，投入民营的船只曾达 1500 余艘，主要运输黄河防洪工程建设和抢险物料。其中，泺口往下至河口段，河槽窄深，河势稳定，除冬季封冻期外均可通航 500 吨级的机驳船，水运还承担了一部分民间运输任务。黄河上中游青铜峡至喇嘛湾河段，河道流经宁、蒙河谷平原，水运条件稍好。1956 年设立黄河航运管理局，船只 1116 艘，当年完成运量 22.7 万吨。1960 年，黄河三盛公枢纽工程建成，通航河段缩短至三盛公枢纽以下。至 1990 年底，内蒙古河段有船只 1744 艘，其中机船 237 艘。黄河中游晋、陕峡谷河段，水流湍急，水运船只只能自上而下顺流行驶，年通航期只有 150 天左右，船只不多，运量很少。

20 世纪 70 年代以来，随着沿黄社会经济的不断发展，沿黄工农业和城镇用水的不断加大，黄河水资源短缺的状况越来越突出，黄河下游和中游部分河段断流或者接近断流的时间逐年增加，进一步恶化了黄河航运的条件，航道日趋萎缩。黄河仅局部河段有少量短途季节性客货运输，年总货运量 40 万～66 万吨，黄河下游的航运已经中止。这条大河的运输功能已基本宣告结束。

第四节　工业文明时期——水龙吟出交响曲

工业文明给黄河水资源的开发利用打上了鲜明的时代印记，从此进入了综合开发利用的历史新阶段，奏出了水利史上辉煌的交响乐章。水电成为人类利用水资源的新途径；工业的产生使人类向黄河提出了工业用水的要求；人口的增加，城市的发展使城市用水增加；农业灌溉，大型灌区成为主旋律，人们依靠电力提水灌溉，使农田水利事业发生历史性的大飞跃。

水利是农业的命脉，是国民经济的基础产业，兴修水利是治国安邦的大事。善治国者，必重水利。新中国成立后，按照“除害兴利、综合利用”的方针，对黄河进行了全面治理开发，黄河水利水电资源得到了大规模的开发利用。

工业文明时期水资源开发利用的历史舞台出现了一位新主角，那就是水电的开发。水力发电具有无污染、成本低、可再生等优点，是保障国家国民经济发展的“绿色能源”，是工业文明时期的新兴产业。

1949 年前，我国的电力工业十分落后，水电建设更是凤毛麟角。黄河流域内仅在支流上建有 3 座小水电站，即甘肃省的天水水电站、山西省汾河上的上兰村水电站和青海省湟水的北山寺水电站，总装机容量约 500 瓦。干流之上则是次第空余水滔滔，甚至连建设水电站的设想也没有。

新中国成立后，按照梯级开发的统一规划布局，在黄河干流上兴建了一系列大中型水电站，支流上的小水电站亦是星罗棋布。从 20 世纪 50 年代第一座水电站落成至今，短短半个世纪，黄河干流已经建设了 15 座水利枢纽和水电站，上自规划中第一阶梯，建成了有龙头水电站之称的龙羊峡，又在跌宕而下的高山峡谷，依次建设了李家峡、刘家峡、盐锅峡、八盘峡、大峡、青铜峡，在蜿蜒的中游，三盛公、万家寨、天桥、三门峡，顺河势步步下落、依次而建，一直到下游的千年一库小浪底。这些水电站如洒落人间的星辰，在黄河上交相辉映，通过四通八达的输电线路，将巨大的电能送往东西南北。西方传说中的众神之王宙斯拥有的最具威力的武器，就是雷霆闪电，而今天，这巨大的利器已经被人类牢牢掌握，电能已经成为人类生产、生活中不可或缺的能量。黄河蕴藏的水电资源，也终于在新中国得到充分的开发与利用，为东方华夏儿女的发展提供了不竭的动力。目前，黄河上发电总装机容量达到 1113 万千瓦，年平均发电量 401 亿千瓦时。据估算，已建水电站发电效益达 1200 亿元之多。

在黄河上游，梯级电站群的建成，极大地推动了西北地区工业的发展。以甘肃省为例，该省新中国成立前工业基础薄弱，新中国成立后，借助刘家峡、盐锅峡、八盘峡水电开发，在冶金、炼油、化工、原材料等基础工业方面得到了长足发展，兰州市已成为西北地区重要的工业城市。龙羊峡素有“万里黄河第一坝”之称，以发电为主，兼顾防洪和灌溉等，是我国最大的高原水库，面积 383 平方公里，电站单机容量、坝高和总库容在兴建时均居全国水电工程之首。修建水库前的龙羊峡原是一个荒漠草地、渺无人烟的地方，现已发展成为有 3 万多人口的城镇。龙羊峡水电站还为青海省提供了大量的廉价电力，促进了工业的迅速发展。水电站年产值 3 亿元，还使下游刘家峡、盐锅峡、八盘峡、青铜峡 4 座水电站年增发电量 5 亿千瓦时，增加灌溉面积 1485 万亩，增加城市工业供水 4.7 亿立方米。今日的龙羊峡，水域宽阔，夏季碧波荡漾、气候宜人。据计算，水库每年蒸发到大气中的水量约 8 亿立方米，从而对当地及其周围的干燥气候也起到了一定的调节作用。刘家峡水电站自 1969 年发电至今，获得了巨大的效益，对甘、宁、蒙地区的灌溉、防洪、防凌都具有显著作用。作为西北电力系统的骨干，刘家峡水电站通过 4 条 220 千伏和 1 条 330 千伏超高压输电线路，连接了青、甘、陕广大区域的电网，发挥了连网、调峰、调频、调压等作用，为工业基础薄弱的西北，提供了现代化发展的强大动力。刘家峡在施工期间形成的小川镇，现在已成为永靖县县城所在地。“青铜峡里韦州路，十去从军九不回。白骨似沙沙似雪，凭君莫上望乡台。”这是历史的写照。随着青铜峡水利枢纽的兴建，现已发展成为具有二三十万人口的青铜峡市，而且变成了塞上粮仓。人类，历来是聚水而居，但在这里，黄河虽然流过了几千年，却几乎没有吸引住人类居住，正是有了这些造福人类的水电站，人们才纷沓而至，使这一方土地有了勃勃生机，有了文明的气息。在中下游，随着三门峡工程的兴建，在荒原小镇的基础上，发展成为一座新兴的工业城市——三门峡市，工业总产值已达数十亿元。水库宽阔的水面还为迁徙的珍贵鸟类——白天鹅提供了万里征途中栖息的优良场所。今天的三门峡库区已经成为大批候鸟越冬南飞的必经之地，成为人类划定的白天鹅自然保护区。

电力和大型水利枢纽，是工业文明时期横空出世的新手段，使人类在水资源引水利用方面产生了巨大能量。拦河而建的水利枢纽改变了河流水资源的空间和时间配置，抬高了水位，使水资源能够按照人类的意愿流淌。水利枢纽与电力的联合作用，使人类冲破了地理高程的束缚，可以按照自己的意愿，提水灌溉、利用。

电的发明，使人类在工业文明时期做到了历史上引水灌溉一直无法实现的一个梦想，那就是大规模长距离的提水灌溉。提水灌溉是解决高原干旱地区农业发展的关键工程。新中国成立以来，黄河流域建成的万亩以上提灌工程有 160 多处，灌溉面积达 1200 多万亩。其中甘肃的景泰川提水灌溉一期工程建有 13 级泵站，经过 13 级提升，从河谷引黄河水，一级一级直上最高处，再顺河渠平铺开去。平均提水高度 413 米，最大提水高度达 602 米，提水流量 33 立方米每秒。兴建泵站 43 座，装机容量近 25 万千瓦，灌溉面积约百万亩，支渠以上渠道长度达 208 公里。人类凭借电能，御黄河水于高原荒漠，将绿洲植入沙漠。新兴的灌区与“三北”防护林相连，形成了腾格里沙漠南缘的绿色屏障，有效地遏止了沙漠的南侵之势。景泰川提水灌溉二期工程更是扬程高达 708 米，需要 17 级提水。到 1995 年，全河已建成万亩以上提水灌区 160 多处，设计灌溉面积超过 1200 万亩，其中设计灌溉面积超过 30 万亩的大型提水灌区就有甘肃景泰川，宁夏固海、盐环定，内蒙古镫口、麻地壕，山西尊村、夹马口，陕西东雷、交口抽渭和山东田山等。高扬程提水灌区虽然成本较高，但提水上塬后，能从根本上改变这些地区的自然环境和生产条件，农业产值成十数倍增长，社会效益也十分显著。水往低处流，本是自然天性，人类却改变了它的特性，实现了水往高处流的奇迹。这样的奇迹，只属于生产力飞跃发展的时代，只属于经济繁荣的今天，只属于新中国。

现代水利枢纽一经出现，就在黄河水资源灌溉中扮演了极其重要的角色。在黄河支流，湟水、洛河、沁河、大汶河等河流灌溉均有相当规模，且引水历史悠久。到1995年，这些支流的灌溉面积已达1000万亩。这些支流灌溉多仰靠水库调蓄供水和修建引水枢纽直接从河道引水。甘肃引大入秦工程是大型跨流域调水工程，引大通河之水，到庄浪河，使干旱缺水的秦王川86万亩土地得到灌溉。干流上的甘肃景泰川、宁夏盐环定、陕西东雷工程等，其设计灌溉面积都超过30万亩。而万家寨大型水利枢纽，是山西有史以来最大的水利工程，每年引黄河水12亿立方米，引水线路长314公里，其中光地下隧洞就有220公里，最大埋深430米，被水利专家们称为“天下第一地下长河”。

由于无法解决黄河水高含沙造成的淤积问题，历史上的黄河下游引黄灌溉难以为继，甚少引黄灌溉工程，除北宋、民国有所淤灌外，基本没有什么举措。历史上的黄河下游两岸，常常是“春天白茫茫，夏天水汪汪，秋天苗枯死，冬天无柴粮”。新中国成立之初，黄河下游的治理就受到中央和地方政府的高度重视，动用了全国四分之一的水利经费用于黄河下游整治，保证在不决口的前提下进行引灌。新中国成立的第二年，就兴建了下游第一个引灌工程——人民胜利渠，并在1952年4月放水成功，当年就灌溉了40万亩农田，80年代中期达到60万亩，从此开始了下游引黄灌溉的历史。毛泽东主席在视察时曾高兴地说“一个县有一个就好了”。新中国的引黄灌溉事业，也曾受到黄河泥沙淤积的困扰，经历了停灌和复灌的挫折和曲折，但在吸取了正反两方面经验教训之后，下游引黄灌溉逐步走上了稳步发展的道路。毛主席的愿望在今天应该说得到了实现。截至2000年，黄河下游现有引黄灌区90余处，引黄涵闸90余座，设计引水能力4000余立方米每秒，引黄灌溉面积达3500余万亩。大河界破天地色，一水引来百万金。昔日的盐碱荒滩、黄河故道、黄泛区，如今变成了喜看稻染千重浪的鱼米之乡、丰收的金色家园，到80年代中期，河南完成放淤改良土地144万余亩，山东完成186万余亩。黄河水成了下游两岸人民的希望之水。

探究其中的奥妙，是当代水利工作者研究确定出科学的淤灌技术并进行了大规模推广。治黄工作者把淤灌与改良土壤、防洪固堤相结合，一是直接引黄河水入放淤区改土造田，二是淤背固堤，淤淀后的清水再行灌溉。从而另辟蹊径，减轻了长期困扰的高含沙水灌溉引发的泥沙淤积问题。正所谓"世上无难事，只要肯登攀；科学有险阻，苦战能过关"。新中国的治黄科技工作者，终于使人类千百年来黄河变害为利的梦想得到实现。

由于黄河流域大部分是干旱半干旱地区，农业灌溉效益十分显著，灌溉比不灌溉一般增产 3 ~ 7 倍。但由于农田水利受社会、政治、经济的制约，到新中国成立前夕，全流域灌溉面积只有 1200 万亩，而且多数灌区工程设施简陋，引水无保证，盐碱化严重。据记载，黄河上游的河套灌区，位于内蒙古自治区西部，阴山山脉以南的黄河河套地区。到了民国 18 年（1929 年）时，灌区又有进一步扩大，可灌面积达 200 万亩左右。但是，河套灌区也曾长期遭到地方军阀的严重破坏。从民国 22 年到 38 年（1933 ~ 1949 年）的 16 年间，乌梁素海已由 7 万亩扩大到 90 万亩，又有 80 多万亩农田被灌区尾水所淹没。"天下黄河富宁夏"之地，却变成了"盐碱地上流苦水，黄河故道断炊烟"的凄凉景象。关中平原的农田水利历史上颇负盛名，但到了清代末年，已"半就湮废，食利无多"。民国期间，先后修建了泾惠渠、洛惠渠、渭惠渠、梅惠渠、织女渠，使关中地区农田水利事业一度复兴，部分农田的生产条件得到改善，但程度有限。据民国 29 年（1940 年）的统计，泾、洛、渭、梅四惠渠的灌溉面积为 96 万多亩，尚远远低于历史上曾经达到的水平。

新中国成立后，在改造旧灌区的同时，大规模地开发了新灌区，从黄河干流的上中下游，到各条大小支流，兴建了一大批引黄灌溉工程，平均每年引用河川径流量达到 362 亿立方米，耗水量 284 亿立方米，占到了全河总耗用河川径流量的 92%。成为黄河最主要的用水大户，黄河的灌溉事业也因此得到了迅速发展。至 1997 年底，全河灌溉面积 1.13 亿亩(其中流域外 0.37 亿亩)，约占全国灌溉面积的 17%，是新中国成立前夕的 9.4 倍。主要分布在上游的宁蒙平原、中游的汾渭盆地和下游引黄灌区，其灌溉面积约占总灌溉面积的 64%。其余灌溉面积较为集中的地区还有青海湟水地区、甘肃沿黄台地和河南伊洛河、沁河地区。伴随人类改造自然力量的增强，经过新中国几十年的建设，黄河上的大型灌区更是得到普遍发展。全河现有万亩以上的黄河灌区达到 740 处，灌溉面积 8433 万亩，占全河灌溉面积的 75%。其中 30 万亩以上的大型灌区 70 处，灌溉面积 6678 万亩，占全河灌溉面积的 59%。引黄灌溉的结果，是在约占耕地面积 36%的灌溉面积上生产了 70%的粮食和大部分经济作物。黄河的灌溉事业达到了前所未有的新高度，虽然说不上是后不见来者，但前不见古人却是千真万确的。

现代经济是城市经济，在发达国家和地区，城市经济占90%以上。我国近些年来发展较快的地区，都得益于大城市经济的迅猛发展。珠江三角洲、长江三角洲和环渤海地区经济的腾飞，概莫如此。进入工业文明时期，城市扮演了工业汇集区和国民经济枢纽的角色。

新中国成立后，黄河流域的工业生产迅速发展起来，在黄河两岸兴起了兰州、银川、西宁、包头、呼和浩特、西安、太原、宝鸡、天水、咸阳、榆次、郑州、洛阳、安阳、濮阳、济南等一批工业城市。这些城市地处黄河流域的西北和华北两大地区，都把引用黄河水作为解决水源问题的希望，城市里的工业生产用水、居民生活用水、城市用水不断增加。

今天的黄河流域，以沿河两岸的城市为依托，形成了以冶金、能源、机械制造和纺织等为基础和龙头产业的工业体系，建成了包头、兰州、青铜峡炼铝厂等大型有色金属基地。山西、内蒙古、宁夏、陕西、河南等省(区)已成为我国煤炭的主要产地，建有准格尔煤矿、胜利油田、中原油田等大型能源基地。新兴的工业城市兰州，其城市区位得天独厚，汤汤大河穿城而过，从源头滚滚而来的黄河水，任其近距离的满足。位居中游的太原市，常因水资源短缺被困绕，经过十几年的不懈努力，终于可以通过黄河万家寨水利枢纽工程，每年引用黄河水12亿立方米，不仅可以浇灌干渴的三晋大地，更主要的是能够供给太原、大同、朔州等城市及工矿业用水。随着城市规模扩大，一些不在黄河岸边的城市也从黄河引水供给城市用水。呼和浩特市开工建设的黄河引水工程，输水线路长63公里，竣工后形成年1.49亿立方米的输水能力，为这座塞上青城提供了宝贵的水源，为这座历史名城的焕发注入了生机和动力。

由于黄河流域地下水资源并不丰富，因此引用黄河水就成为人类最现实可行的路径。根据《黄河水资源利用》统计，1980～1984年，全流域工业及城市用水合计为169.75亿立方米，平均每年用水34亿立方米。另据“黄河流域片生活与工业用水研究报告”统计，1985年、1986年、1987年、1988年工业及城市生活用水量分别为48.10亿立方米、50.17亿立方米、54.59亿立方和60.50亿立方米，呈现出逐年上升的势头。黄河两岸的大型工矿企业，由于耗水量大，多引用河川水，并建有供水工程，自成系统。从黄河直接引水的大型工矿企业有包头钢铁稀土公司、中国长城铝业公司、中原油田、胜利油田等。位于黄河河口地区的胜利油田，其供水全部来自黄河。黄河中游是我国的主要能源基地，一些大型煤田的开发，如陕北的神府煤田、内蒙古的东胜煤田和坑口火电厂的建设，用水也均取自黄河。随着时光的推移，流域内的产业经济升级、城市发展，越来越离不开黄河水的供给。

俗话说，远水解不了近渴。随着新中国的成立和国民经济的持续发展，为解决黄河下游流域外某些大城市的严重缺水问题，人类进行了跨流域远距离供水。黄河，在进入20世纪下半叶以来，一次一次远距离地送出了解困救生的黄河水，谱写了一曲曲绿色的颂歌。

新中国成立后，从20世纪50年代就开始了跨流域远距离供水工程的兴建。在齐鲁大地，青岛这个美丽的滨海城市，首先感受到了黄河的恩泽。1986年山东省动工兴建引黄济青工程，设计年供水量5.5亿立方米，2000年达到10亿立方米，先后将黄河水引向淄博、潍坊和烟台。黄河水流到哪里，就把幸福和生机带到哪里。据有关部门统计，从1989年11月建成通水，至1995年底，已累计从黄河引水13.5亿立方米，为青岛市供水4.17亿立方米，增加经济效益200多亿元；为沿线城镇、农田供水近7亿立方米，增加粮食产量2.5亿公斤，并使潍坊市北部地区71万人喝上了甘甜的黄河水，结束了世世代代喝咸水、高氟水的历史。作为国家直属城市，天津市面临严重的用水紧张问题，从1972至2002年期间，曾先后七次从黄河引水送往天津，总计供水30亿立方米，缓解了天津市缺水的燃眉之急，天津人民激动地称黄河水为“救命水”。在河北，引黄入卫工程于1995年建成通水，年引水量6.2亿立方米，主要向沧州市和衡水电厂等供水，为燕赵之地注入了宝贵的源泉，使河北省缺水状况得到缓解。引进黄河水，缓解了这些地区的缺水状况，1997年1月建成的引黄济冀工程，年引黄河水3亿立方米至河北沧州地区，就对当地黑龙港流域广大地区涝、碱的治理起到了巨大的作用，使荒漠之地焕发了青春。与当年人类修建大运河、发展航运的目的不同，这是人类历史上第一次以饮用、生产为目的而修筑跨流域输水渠道。这也是工业文明时期黄河水资源利用方面的一个显著变化。

工业文明时期的人类，在与自然的较量中，首次掌握了引黄用水的主动权，对水资源的需求也因此高速增长，在水资源利用的广度和深度上发生了翻天覆地的变化。截至2000年，全流域已建成大、中、小型水库及塘堰坝等蓄水工程约10100座，总库容约720亿立方米，其中大型水库22座，总库容617亿立方米；引水工程约9860处，提水工程约23600处；在黄河下游，兴建了向两岸海河、淮河平原地区供水的引黄涵闸90座，提水站31座。大河上下，形成了体系完备、分布广泛的现代水利工程网络，为开发利用水资源提供了重要的基础设施。根据20世纪90年代用水资料统计，黄河供水地区年均引用河川径流量395亿立方米，耗用河川径流量为307亿立方米，占黄河天然年径流量的53%。这样的数字可谓惊人。人类对黄河水资源的利用已经达到很高的程度。

今天的黄河，以占全国2%的河川径流量承担了占全国15%的耕地面积和12%人口的供水任务。供水范围从新中国成立初期主要集中在宁蒙河套灌区、陕西关中地区、山西汾河流域，扩大到目前的沿黄9省(区)和河北、天津，引黄灌溉面积达到1.13亿亩。黄河沿岸的50多座大中城市、420个县(旗)城镇人口，以及晋陕蒙部分地区能源基地和中原、胜利油田，无不仰仗黄河水的供应。不仅如此，黄河还不时救助远在流域之外的华夏儿女，通过引黄济青，以及引黄济津、济冀等跨流域调水工程，实施远距离调水，解决了河北、天津、青岛等地的缺水危机。通过引用黄河水，人们还改善了上中游部分地区的生态环境，解决了农村近3000万人的饮水困难。黄河水资源的开发利用有力地支撑了沿黄省(区)的经济发展，灌溉、供水直接效益达6000亿元。

黄河之水，托起了这片文明故土的生命和希望。

第二章　黄河洪水的防治

黄河安危，事关大局。从古到今，挟带着大量泥沙的黄河水，始终是悬挂在沿河两岸人民头顶的达摩克利斯剑。从原始文明时期手握石器、青铜器的古人，到农耕文明时期赶着牛马、扛着铁器的先民，到工业文明时期驾驶着钢铁机械的现代人类；从远古的围堰到农耕文明时期兴起的堤防，从控制流路的堤防到阻断洪水，改变水流时间分布的水库；原始文明时期从无奈的避水到挡水，农耕文明时期从消极的筑堤防洪到有目的的束水攻沙，工业文明时期从强硬碰撞的建库拦洪到蓄水拦沙、上拦下排、两岸分滞。人类不断地与洪水进行着不懈的抗争，以保护自己的家园。

第一节　渔猎文明时期——远古的治水传说

一部黄河的开发史也就是一部黄河的防洪史。古老黄河诞生之时，人类就开始在黄河流域繁衍生息。早在渔猎文明时期，尚处于原始氏族社会的人类，在享用大自然恩赐的同时，开始了防洪治水的斗争。

黄河下游的洪水，在远古传说中占有重要地位。人类之初，一般过着采集和渔猎的生产、生活方式。到了传说中的神农时代，黄河流域氏族部落已进入以农业为主的综合经济阶段，开始定居。那时，人类临水而居，有利于农业生产，取水、交通都相对方便。另一方面，人们有了家业，一旦受到洪水的侵袭破坏，在生产力极端低下、缺乏足够储蓄的原始农业阶段，重建家园是极为艰难的事情，为了保护辛苦积累的财产安全，保证自身的生存，人类就必须同洪水做斗争。在这些传说中，共工和鲧都曾进行过顽强的斗争，而以大禹最为著名，他的治水事迹和艰苦卓绝的精神世代流传，成为远古人民征服洪水的象征。

传说共工主要从事农业，他的居住地是一块土地肥沃、水源充足的地方，大致在今天孟津以下的开阔河段。一到洪水季节，深受泛滥之苦，也因此积累了一定的治水方法和经验，共工的儿子能平九土，很有功绩，得到“后土”的名位。共工成为治水世家，这一氏族也被认为是善治水的部落。传说共工治水是“壅防百川，堕高堙庳”，大概就是修筑堤坝防御洪水侵犯，把高处的泥土、石块搬运到低处，升高地势的意思。尧担任部落联合体首领时，洪水为灾，部落首领公推夏后氏部落的首领鲧治水。鲧沿用共工的办法，所谓“鲧做三仞之城”，大概就是高筑堤坝、城墙，把居住地、田地保护起来，但治水多年没有成功，他本人也因此被流放到羽山。今天推想鲧失败的原因，可能是由于部落扩大，生产规模发展，保护范围加大，在当时的生产力、生产技术下，仍然沿用共工的方法而不加以改进，难以抵御高涨的洪水，不能普遍保护居民的安全和生产。

鲧失败后，又派他的儿子禹继承父业治水，并派契、后稷、皋陶等人协助他。禹在共工与鲧治水的基础上实行改革，采取了另一种治水的方法，可以称之为疏导法。即所谓“高高下下，疏川导滞”。利用水自高处向低处流的自然趋势，顺地形把壅塞的川流疏通，把洪水引入已疏导的河道、洼地或湖泊，然后“合通四海”。以疏导为主，有些情况下则实行有计划的围堵。禹“陂障九泽”，就是把一部分洪水引入低地拦蓄起来，起到蓄水分洪的作用。相传大禹在治水的实践中，还发明了准绳和规矩两种原始的测量工具，走遍大河上下，勘察测量地形，作为疏导川流的依据。

大禹治理的河道，也就是后世所说的“禹河故道”。《禹贡》所记述的黄河故道，传统上认为就是大禹时的河道。大禹治水活动主要在黄河流域一带。据说大禹亲自参加劳动，三过家门而不入，带领群众“劈开龙门和伊阙，凿通积石山和青铜峡”，经龙门、三门峡抵达河南浚县，然后流入河北的古大陆泽，就此分为“九河”进入渤海。使河水能够“大小相引，高下相受，百川顺流，各归其所”，通过将散漫的水流逐步导流进入主河道，减少了在平原地区的泛滥。大禹历尽艰辛，最终成功实施了远古人类最著名的一次治河活动。治水的成功，推动了渔猎文明的进步和社会的发展，禹也因之成为氏族部落的首领，并最终建立了夏朝。

与大禹治水同时代的远古时期，地球上曾发生过一次世界性的大洪水。世界各地的历史传说中，其他地方的人类都遭受了灭顶之灾。最著名的如《圣经》中的诺亚方舟的故事，人类诺亚依靠一艘方舟，才保存了生命延续的火种。只有在中华民族的传说中，人类战胜了洪水，因此大禹治水的功绩一直受到后世的推崇，《左传》曾记载春秋时期刘定公的话：“美在禹公，明德远矣。微禹，吾其鱼乎！”没有大禹，我们恐怕都成了水中的鱼了。

自禹治水以来，有较长一段时间，在现存的史籍里很少见到洪水的记载，这就很难了解这一时期的水患。商周河事记载较少，商代帝都迁徙较频繁，与黄河水患不无关系，而周的统治中心在黄河中游的渭河流域，下游水患对其影响不大。

第二节　农耕文明时期——防洪治黄保文明

几千年的治黄史被许多人称为一部黄河下游的防洪史，确切地讲，农耕文明时期的治河史应该被称为下游的防治洪水史。这其中固然有认识问题，也与黄河下游地区在中华文明发展史上的重要地位分不开。人类对下游可耕作土地的需求和黄河淤积游荡的特性发生的矛盾，使下游防洪成为主要的治理目标。人类依靠铁器和人畜力，以堤防为主要工程手段，通过修渠筑堤，规顺流路，疏浚河道，一代又一代，开展了大规模的治河防洪活动。为华夏文明的辉煌提供了一片乐土。

在整个农耕文明时期内，历朝历代都有治河举措。伴随国力强盛、国家的稳定统一，以及当时政治、经济和社会的需要，掀起了三次治理黄河的高潮，分别是两汉、北宋和明清时期。

先秦时期就已经开始了筑堤治黄。秦始皇统一中国后，将诸侯修筑的堤防联结成千里金堤。但由于秦代存在时间很短，因此对黄河的第一次大规模有效治理发生在汉代。

西汉时期的黄河河道，自形成之日起，已经流经了四百年。这时的黄河已是发展到晚期的平原河道，河道弯曲，河床淤浅，宣泄洪水的能力大为降低。据史书记载，早在先秦时期，黄河就称“浊河”。汉时更有“河水重浊，号为一石水而六斗泥”之说。汉哀帝初年就有了“河水高于平地”、“河高出民屋”等黄河成为地上河的记载，因此河决日多。另外，那时的民众围河滩地垦田，不事疏浚治理，也是造成泄洪能力降低的一个原因。所以汉代黄河决溢记载明显增多，仅见于史书记载的就有十五年十六次。

汉代是我国封建社会巩固和发展的一个重要历史阶段。在长达 420 多年的时间里，国家统一、政权稳定，封建制生产关系进一步确定，冶铁业有了大发展，科学技术取得新的进步，社会生产力发展较快。黄河流域是当时全国的政治、经济、文化中心，黄河的安危关系到政权的稳定、社会经济的发展。汉代的水利技术和治河成就，在黄河史上占据了十分重要的地位。两汉时期，对黄河下游堤防颇为重视，也是黄河全下游河道治理的开始。下游的河防工程，规模也很大，一次筑堤曾达一千余里。沿河各郡专职防守河堤人员，一般为数千人，多时达万人以上。

汉代规模最大、成效卓著的治河活动是王景领导的治河工程。东汉初年，黄河决口泛滥已逾60年，汴河漕运严重受阻，要想恢复必须首先治理黄河。东汉明帝永平十二年，王景和王吴共同主持了一次综合性的治河活动。施工期仅一年，但治理效果比较好，既治理了汴河，也治理了黄河。王景采取断然的措施，摒弃处于晚年的老河道，另选通道，开凿阻碍水道的山阜，破除河道中旧有的阻水工程，堵截横向串沟，防护险要堤段，疏浚淤塞的河段和渠道，依靠数十万人的力量，从荥阳至千乘修筑千里大堤，宽河固堤，使河汴分流，黄河水就范。另一方面，为使这条新通道较顺直通畅，又设计了一系列工程措施，整治了汴渠渠道，新建了汴渠水门。王景治理后的黄河河道，自济阴以下，流经西汉大河故道与泰山北麓之间的低地，距海较近，地形低下，行水比较浚利。自此以后，黄河决溢灾害明显减少，迄至隋唐，黄河决溢的记载较少。他固定下来的河道一直维持到北宋庆历八年，在长达900多年的时间里，黄河没有大的改道，出现了一个相对的安流期。汉代的治河，使其后的各个朝代获得了发展经济的良好条件，推动了农耕时期社会文明向前发展。

北宋期间，黄河的灾害大大超越前代。河道变迁十分剧烈，决、溢、徙都创造了有史以来的新纪录。从建隆元年（公元960年）到太平兴国九年（公元984年）的25年内，黄河只有9年没有明确的河决记载，其余年份大都是多处溃决、到处泛滥。由于北宋的京城处于黄河下游，河患与统治者的利害关系紧密相连，宋王朝对黄河的治理相当重视，整修堤防，先后三次实施回河改道，并将目光投向了黄河中的泥沙，进行了疏浚和放淤，成为治黄史上对黄河泥沙治理的第一次尝试。

北宋治河重点在回河改道，然而，在其巨大的投入和实际效果之间，却存在着极大的反差。从仁宗皇祐四年(1052年)至哲宗元符二年(1099年)，北宋曾先后三次堵塞北流，逼使黄河回归东流河道，可是，第一次回河横陇故道失败了；第二、三次回河东流，没有维持多久，也先后失败了。三次回河的结果，都以复归北流而告终。宋王朝的统治者逆水之性，强使回河，尤其第一、三次回河，都是要使河水回到已经淤高的故道中去，加上回河时没有对故道进行全面的疏导，所开的河道又过于狭窄，因而回河以后不久就又改道北流了。左正言任伯雨在建中靖国元年（1101年）论及黄河时曾说："河为中国患，二千岁矣。自古竭天下之力以事河者，莫如本朝。而徇众人偏见，欲屈大河之势以从人者，莫甚于近世。"这个评论，说出了一定的道理。

不过北宋时期在治河方面也有收获和创新，那就是第一次有目的地开展了黄河泥沙的治理，进行了机械浚河的尝试。宋神宗熙宁六年，成立了专门疏浚河道的疏浚黄河司，对淤积严重的黄河河道作了机械疏浚的尝试。还研制出了专用疏浚耙，虽然方法还比较粗糙，但为我国人民试图以机械力解决黄河淤积问题开了先河。北宋时期还进行了大规模的引黄放淤，其基本目的是利用黄河泥沙改良土壤，而客观上减少了黄河河道内的泥沙淤积，有利于黄河河道稳定和黄河行洪，对后代治河防洪产生了积极的影响。熙宁年间的大放淤得到了宋王朝的大力支持,先后设置都大提举淤田司、总领淤田司等专门机构主持淤田事务。

当中国社会发展到明清时期，中国的政治、经济、文化中心已经迁移离开了黄河流域，但多灾的黄河仍是国家的心腹之患，治黄依旧是中央政府的重要大事。

明代，由于明初建都南京，后迁都北京，当政王朝为了将江南的粮食调往国都，迫切需要沟通从江南到北京的水上运输线，所以明代治河，始终是在“保漕济运”的准则下进行的。治黄、治运、治淮、护陵四大目标交织在一起，加上中游黄土高原地区水土流失的日趋严重，关系错综复杂，治理之困难非此前任何一代所能比拟，河道的紊乱也超过了以前任何时期。从明代古籍中可以看到，黄河决溢的记载不绝于书，“平地起湖，一望弥漫”，“千村万落漂没一空”等，黄河给明代人民带来了深重的灾难。从明成祖开始，明代各执政皇帝都高度重视黄河的治理，对黄河都有较大规模的治理活动。

明代治河开始重视考虑泥沙的问题，实施了大规模的堤防加固，束水攻沙、以河治河。明代的河防工作，无论在观察水情、修筑堤工、抢险堵口、堤防养护等各方面，也都有一套比较完整的办法，比以往朝代有所提高，在管理上则进一步专业化，开始在黄河上设置总河一职。在明代 200 多年的实践中，不断的河患使沿河人民也经受了锻炼，提高了人们治河的能力，增长了治河的才干。对黄河的规律有了进一步的认识，治黄技术有了新的发展和提高，使明代治黄事业又比先前迈进了一大步。

明代治河最有影响的是潘季驯。他是明末著名的治河专家，也是明代治河对后世影响最大的人物之一。从嘉靖四十四年（1565 年）到万历二十年（1592 年），潘季驯曾经四次主持治河工作，时间将近 10 年之久。他总结了前人治河的经验教训，对黄、淮、运三河提出了综合治理的原则：“通漕河，则治河即以治槽，会河于淮，则治淮即以治河，会河、淮而同入于海，则治河、淮即以治海。”在此原则下，他根据黄河含沙量大的特点，制定了“以河治河，以水攻沙”的治河方策。

潘季驯十分重视堤防的作用。他把堤防比作边防，强调指出：“防敌则曰边防，防河则曰堤防。”他大筑三省长堤，将黄河两岸的堤防全部连接起来加以巩固。同时，他还创造性地将堤防工程分为遥堤、缕堤、格堤、月堤四种，因地制宜地在大河两岸周密布置，配合运用，拦阻洪水，束流冲刷。仅其第四次治河，在河南、山东、南直隶三省进行的堤防闸坝整修加固工程总长就达到 27 万多丈。

通过潘季驯治河，黄河河道基本趋于稳定，扭转了嘉靖、隆庆年间河道“忽东忽西，靡有定向”的混乱局面。这些成就，是同时代的任何人所未达到过的，理应受到充分的肯定。但是，也应当看到，潘季驯治河还只是局限于河南以下的黄河下游一带，对于泥沙来源的中游地区却未加以治理。源源不断而来的泥沙，只靠束水攻沙这一措施，不可能将全部泥沙输送入海。

明代比较著名的治河还有几次，如 1453 年，徐有贞治理沙湾，以及白昂、刘大夏治河，刘天和、朱衡及万恭治河。基本上采取南岸分疏、北岸筑堤的治理范畴，重视堤防和工程管理。此外，还有杨一魁以工部尚书兼都察院右副都御史的头衔总理河道，实施分黄导淮，前后负责治河达七年之久。他们在当时都取得了成效。但实践证明，黄河泥沙根治不了，不论河淮合流、筑堤束水，还是分黄导淮，都难以奏效。

清代国家每年所需漕粮，仍然和明代一样，主要依靠江南供给，因此治河还是以保漕为主。清代基本维持明末的河道，使黄、淮并流入海。清代治河防洪，基本沿袭明代治河思想，总体上注意整修下游堤防埽坝，及时堵筑决口，以保漕、治河、济运，减少洪水对下游两岸的危害。自康熙到乾隆中叶，黄河两岸大堤不断加强，决口随时力予堵塞。如雍正二年一年就培修黄河大堤 22.3 万余丈，当时的黄河大堤已是自砀山至海口，纵横绵延 3000 余里。

针对黄河下游淤积抬高，成为地上河，尤其险工段的老口门附近临背河高差悬殊，险情严重的情况，清代还采取了放淤固堤的措施，有效利用了黄河水沙资源，降低了临背悬差，减轻了大堤水压力。清代对海口的治理也开始注意，清康熙年间，总河董安国提出在河口段改道的措施，挑挖引河，修拦河坝，引黄河水入马港口入海。其后的张鹏翮开大通口，并开挖引河，使大河北流，断绝十余年的清流会黄入海。这些实践促进了治河理论研究。

清代对黄河的治理比较重视，为治理黄河，专设有河道总督职，总理黄、运两河事务，雍正二年还增设副总河一人专管河南河务，沿河各省一般均设管河道，当时甚至还另设了武职的河营，建立军事化组织，分地驻守，以加强河防。康熙皇帝书于宫中立柱之上的“三藩、河务、漕运”三件大事，就有两件与黄河有关。清代自康熙年间就开始了大规模的治河活动。在不断总结前人经验、教训的基础上，清代在河防技术、管理方法上，比明代有了新的改进和发展，体现在筑堤工程、放淤固堤、抢险堵漏、埽坝工程、堵口工程、堤防管理等诸多方面，都跨上了一个新台阶，并出现了不少治河专著，还进行了三次河源查勘。

清代最著名的是靳辅、陈潢治河。康熙执政初期，黄河就不断决溢为患，因此康熙任命靳辅为河道总督，负责治河。靳辅根据陈潢调查的结果，提出了"治河之道，必当审其全局，将河道运道为一体，彻首尾而合治之，而后可无弊也"。并连续向康熙帝上了八疏，系统地提出了治理黄、淮、运的全面规划。

靳辅、陈潢在开始治河时，首先是疏浚在清江浦以下到海口 300 多里的河道内，采取"疏浚筑堤"并举的办法。一是疏浚河道，在河中央因有一二十丈的旧河道，左右各隔 3 丈，挖有 8 丈宽的新引河，三条平行，名曰"川字河"。所挖引河之土，用以修筑两岸堤防，以达到"寓浚于筑"的目的。采取这一措施使得黄、淮各决口相继堵复，当水归正河之后，在"川"字形三条河道中间的两道沙堆，一经河水由上而下左右夹攻，即顺流刷去，使三道河合而为一，迅速刷宽冲深，开通入海之路。为了利用淮河以清刷黄，又在淮河出湖口开掘五道引河，然后再会于一流，集中水势，由清口入黄，使河、淮并力入海。二是堵塞决口。当时有决口几十处，他们根据具体情况而定，采取先易后难的原则，先堵上流口、后堵下流口，先堵小口门、后堵大口门，使黄河归入正流。三是坚筑河堤，束水攻沙。靳辅非常注意堤防工程，曾在黄、淮、运三河两岸大力整修了千里长堤，对防止洪泽湖东决的主要屏障高家堰，进行了培修加固，创筑了从云梯关外到海口的束水堤 1.8 万丈。四是闸坝分洪，在砀山以下至睢宁间的狭窄河段内，沿用潘季驯修减坝的办法，因地制宜地增建了许多减水闸坝。五是修守险工，采取"一埽、二逼水坝、三引河"的方法，因势而定。这种守险方法至今仍有现实意义。六是疏浚海口。采取船未系铁扫帚进行脱淤的办法，对云梯关以下至海口进行疏浚，但实践中收效不大。

靳辅、陈潢治河经历十年以上时间，到康熙二十七年（1688 年）靳辅去职时，"黄淮故道次第修复"，"漕运大通"。决口泛滥的灾害大为减轻。出现了清初以来少见的局面。

清代中期自乾隆以后，黄河河势日趋恶化。当任的几届河督都曾是较有成就的治河人物，但都为堵口抢险疲于奔命。由于河道败坏、治河无术，河督逐渐陷入一筹莫展的境地，河督犁世序甚至一度畏罪投河。自清初至道光三十年（1850 年）的 207 年间，黄河决口年份达 60 多年，终于在咸丰五年（1855 年）在兰考铜瓦厢改道东流。

综观整个农耕文明时期，在战争与和平的交替中，在政权的实际利益中，黄河的治理也受到了影响。战争的纷扰、国家的分裂、国力的削弱，都使人类无法顾及黄河。

从魏晋南北朝留传至今的史籍看，从东汉以后，一直到魏晋南北朝，甚至下延到隋唐，黄河河道相对稳定。加上主要是游牧民族当政的魏晋南北朝期间，人口减少，大批耕地由农转牧，黄河洪水对国家经济社会的影响相对较小，因此当政者对治河也并不重视。但为了保全地方，各地在局部都与水害做过斗争。曹魏、西晋之际的治理汴口，北魏后期的崔楷治河建议，就是两个突出的例子。

五代时期，统治中心已转至黄河下游。由于当时河决频繁，灾害更加严重，直接涉及统治者的切身利益，后唐、后晋、后周都不得不对河患进行了一定的治理。五代期间的堤防管理养护也得到一定程度的加强。如后晋朝时制定了“每岁差堤长检巡”的制度等。

在历经约两个半世纪的金元时期，黄河流域战祸连绵，破坏严重，人民饱受苦难。黄河从金代开始南下夺淮，河道形势更加复杂，因而金元时期黄河水患非常严重，有时一次决口几处、十几处，甚至几十处。在短暂一统的元代，对黄河也有过较大规模的治理活动。如贾鲁治河动用 17 万民工，耗“中统钞百八十四万五千六百三十六锭有奇”，伏秋大汛期不停工，“疏、浚、塞”并举，曾一举堵合了泛滥七年的决口。元世祖忽必烈还派都实为“招讨使佩金虎符”，带领人马对河源进行正式的勘察和研究。

隋代没有治理黄河水害的记载。唐代河患记载虽有增加，但见之于古籍的治河活动不过三四次，且主要由刺史等地方首长主持开展。唐代中央政府，治河重点多在整修水道、开凿运河、便利河运，这可能与唐王朝建都长安，以中游地区为政治经济中心，黄河主要承担航运作用，下游人口相对较少，黄河行洪空间广阔有关。可见，经济社会的发展与治黄之间有多么密切而直接的关系。

第三节　工业文明时期——防洪千载今伏虎

中国是一个水利大国，也是一个水利古国，中华民族的治水传统与华夏文明一样源远流长。从一定意义上说，我国5000年的文明史，也是一部中华民族与水旱灾害作斗争的历史，在这治水的历史长河中，尤以黄河的治水在历朝历代为心腹大患。中国人民与黄河搏斗了几千年，也曾收一时之效，但是都无法从根本上改变黄河决溢泛滥、以至改道的局面。人们慨叹这条大河“沃野千里，河流纵横，有水之害，却无水之利”。

19世纪中期，世界已经进入资本主义自由发展的时代。随着鸦片战争的失败，闭关自守的古老中国，受到了我国资本主义的冲击和压迫，到了19世纪末20世纪初，更沦为半殖民地半封建社会。中国社会的变化，给黄河及其治理带来了巨大的影响。一方面，国家财政经济的日益贫困，无暇顾及黄河水利的兴衰之事、害利之举，使河防长年失修，决溢灾害更加频繁；另一方面，这个时期不少知识分子如李仪祉、张含英等，同西方国家的水利界人士进行接触，学习了新的水利技术知识，对较为先进的外国治水方法也作了一些引进，为加速我国治河技术的发展作出了一定的贡献。中国的治黄事业也从传统水利逐步向近代水利过渡。

雄鸡一唱天下白，中华人民共和国成立后，国家对黄河治理开发极为重视，治黄事业开始了新的里程碑，掀开了人民治黄的新篇章。对黄河的治理，从下游的防洪转变为上中下游兼顾、全流域综合治理的历史新阶段。1955年全国一届人大二次会议通过了《关于根治黄河水害和开发黄河水利的综合规划的决议》，是中国历史上第一个综合治理规划，使黄河进入了全面治理、综合开发的新阶段。王化云作为新中国成立后的一代河官，总结提出了“蓄水拦沙，上拦下排、两岸分滞”等治河思想，成为这一时期治黄的代表人物。

“黄河岁岁安澜”，这是近些年来常常见于媒体和权威文章中，使国人得到慰藉的一句话。共和国成立50多年，黄河安澜50多年，新中国对黄河治理付出了巨大的人力、物力和财力，新中国的治黄工作者，改变了以往单纯依靠下游黄河大堤和人防的力量抵御凶猛如虎的洪水的指导思想，而是建立起一整套完整的工程防御体系和非工程措施。时代在变，人类治黄思路也在变，变的越来越聪明、越来越强大。

黄河大堤，可以说是我国历史上最重要的水利工程之一，历朝历代对黄河大堤的维修管理都倾注了最大的心血。新中国成立后，从1950年起，对两岸将近1400公里的临黄大堤先后进行了四次加高培厚。1950年，黄河下游进行了第一次大堤加培工程。这次加培，在当时是以防御陕县站18000立方米每秒的洪水为目标，从1952年开始把防御目标提高到22000立方米每秒。还石化了险工，绿化了大堤。到1962年，接着进行了黄河下游的第二次大修堤，那年冬天，整个下游都成为工地，两岸人民开展了热火朝天的建设，到1965年，历经四年完成。在第一次大修堤时，是用人力石磙夯实大堤的办法。到第二次大修堤，开始试验并推广了用拖拉机碾压大堤，比人工夯实大大提高了工效，质量也更有保证。第三次大修堤是70年代开始的，从1974年开始，期间经过两次大修高峰，到1985年全部完成。90年代后期，又进行了第四次大修堤，这时候已经完全是机械化施工了。经过四次大修堤，两岸1400公里的临黄大堤普遍加高了3～4米，将近800公里的堤段内初步开展了放淤固堤。千里大堤，成为束缚洪水的地上长城。如今的黄河大堤，平展宽阔的堤顶，可以并排行驰两辆大卡车，堤上堤下树木成行，成为一条绿色的防护林带，大堤内是奔腾的黄河水，大堤外是无边无际的农田，纵横交错、密如蛛网的灌溉渠道。黄河大堤，被称为两岸人民的生命保障线、防洪交通线和绿色的生态旅游线。

在防洪工程体系中，利用水利枢纽工程来控制调节洪水，发挥其防洪功能，这是超出了历代防洪的新举措，是工业文明时期的巨大馈赠。水利枢纽使人类第一次不仅在空间上，而且在时间上也能够对黄河洪水施加影响，按照自己的意愿进行调控。使人类防御和控制洪水的能力大大提高。新中国成立后，国家投入大量人力、物力、财力，在干支流上修建了三门峡、陆浑、故县、小浪底等水库，防洪库容总计为103亿立方米，为拦蓄洪水提供了现实中的“乾坤袋”，成为现代防洪的神兵利器。三门峡水库是根治黄河水害，开发黄河水利的第一个大型关键性水库，位于潼关以东113公里处，是河南省和山西省的天然分界，又是沟通中原与西北、西南腹地的险道要冲。在全国支援三门峡的声势下，三门峡水库于1957年4月开工，1960年基本建成并投入蓄水运用。一座96米高的混凝土大坝，拦腰截断黄河，形成一个超过太湖面积的人工湖泊。不过作为中国在黄河干流上兴建的第一座大型水利工程，由于缺乏实践经验，对泥沙淤积问题估计不足，其后曾两次改建，目前正在防洪、灌溉、发电等诸多方面发挥作用。从三门峡往东，到河南孟津县，到达黄河上最后一段峡谷，在其出口，就是在黄河防洪控制工程中占据重要地位的小浪底水库。小浪底水库于1994年开工建设，1997年10月大河截流，水库库容126.5亿立方米，长期有效库容51亿立方米，控制流域面积69.4万平方公里，占黄河流域总面积的92.3%。使下游防洪标准由60年一遇提高到千年一遇。

在下游，还开辟了北金堤、东平湖等滞洪区以蓄滞大洪水，黄河人形象地把这形容为“黄河洪水的招待所”。黄河下游现行河道上宽下窄，容易增加下游河道防洪压力，备建的滞洪区，是一种有计划的分滞洪水，减轻下游河道承载能力的办法。是人类抵御洪水、减少灾害的应急手段。

这一系列的工程措施，初步形成了“上拦下排，两岸分滞”的黄河下游防洪工程体系，为战胜洪水打下了坚实的基础。

黄河下游防洪除大力加强防洪工程措施外，对防洪非工程措施的建设也不断加强和充实完善。新中国成立后，在大河上下，不断增设水文(位)站，建立水情测报站网，积极开展气象、水情、冰凌预报工作。同时组建了中下游有线和无线通信网，以及三花间实时遥测洪水预报系统，现代化的手段，为人类装上了“千里眼”和“顺风耳”，保证了防洪指挥调度和通信联系的迅捷和准确。在河防制度上也更为严密和科学。每年汛期，在黄河防汛总指挥部领导下，河南、山东两省及沿河各地、市、县(区)均建立防汛指挥部，实行统一指挥调度和分级分段防守责任制，同时组建和培训了一支万余人的治黄专业队伍，驻防下游两岸及主要险工，严密监视洪水动向，随时准备迎击，成为下游防洪的技术骨干和主力军。每年汛期沿黄政府还发动组织沿河群众，组成50多万人的抢险队伍和百万以上的人民防汛大军，做好必要的准备。人民解放军作为具有强大组织纪律性的军事部队，每年都积极参加黄河抗洪抢险，形成军民联防，成为战胜洪水的可靠保证。

从前，一到黄河涨水季节，两岸百姓就提心吊胆，每天都要关心那堤上传来的警讯，唯恐灾难降临。民间流传这样一首辛酸的民谣：“黄河边，黄河边，三年两头淹。家无家，粮无粮，刀尖之上过时光。”黄河水灾经常造成田舍荡尽、人为鱼鳖的人间悲剧。回望历史，当花园口站发生大于10000立方米每秒的洪水时，几乎年年决口。如今，这种悲惨景象终于一去不复返了。近50年，中国战胜了花园口站洪峰流量大于10000立方米每秒的12次洪水。其中包括1958年花园口站22300立方米每秒和1982年15300立方米每秒的大洪水。1958年花园口站发生人民治黄以来的最大洪水，洪峰流量达22300立方米每秒，比1933年洪水还大，经过河南、山东两省200多万军民的严密防守和大力抢护，历时七天七夜，终于在不分洪的情况下战胜了洪水。而1933年洪水，花园口站洪峰流量为20400立方米每秒，两岸共决口61处，淹没冀、鲁、豫、苏四省30县6592平方公里，受灾人口273万，死亡12700人。1982年花园口站洪峰流量为15300立方米每秒，经30万军民的努力防守，安全入海。而1935年花园站洪峰流量为14900立方米每秒，在山东董庄决口，溃水淹及鲁、苏两省27县，受灾人口341万，受灾面积12215平方公里。两个时代形成了鲜明的对比。

经过治黄人的艰苦奋斗，依靠工程和军民联防，创造了50多年伏秋大汛不决口的历史奇迹。华夏儿女终于可以骄傲地宣布：新中国已经改变了历史上黄河下游“三年两决口”的悲惨局面，实现了黄河50多年岁岁安澜。据估算，黄河防洪减灾直接效益约4000亿元，社会和生态等间接效益则难以用金钱估量。

黄河上游地区，新中国成立前也遭受洪水灾害的侵扰。新中国成立后，通过修堤建库，整治河道，组建人防队伍，加强抗洪抢险，大大缩小了灾害，取得了历年抗争的胜利。

黄河凌汛灾害，这个历史上长期没有解决的问题，在工业文明的洪流中，在新中国的光芒照耀下，也开始冰消雪融。在上、中游地区卓有成效的防洪防凌工作，为我国的经济建设和社会发展做出了巨大贡献，这是历史上任何一个朝代都无法比拟的。

新中国成立后，为防御凌汛，积极研究采取了多种措施，在解冻开河前，组织防汛队伍打冰撒土、炸药爆破、炮轰、飞机炸冰；修建减凌溢水堰等，取得一定成效，但都不能从根本上解除凌汛威胁。1960年三门峡水库建成运用以来，采用水库蓄水防凌。从实践中逐渐认识到凌汛的主导因素是水，“冰借水势，水助冰威”。水鼓冰开的“武开河”是凌汛的主要危险，因此需要“釜底抽薪”，调节凌汛期河槽水量以解决凌汛的有效措施。自运用三门峡水库防凌控制下泄流量以来，配合破冰防守等措施，安全度过了历年凌汛。黄河上游的宁夏、内蒙古河段，河道的流向形势同下游相似，每年冬春，常常出现凌汛。人们通过修筑堤防，加固险工，整治河道，以及青铜峡、刘家峡、龙羊峡等水库的修建，防洪非工程措施的不断发展完善，逐渐在防凌的斗争中取得了上风。自此，使人类束手无策的凌汛灾害失去了肆虐的威力。

第三章　黄河的水土保持

黄土孕育出了世界四大文明古国之一的中华文明，流失的黄沙又使黄河成为世界上最为复杂难治的河流。在漫长的岁月中，黄河的水土保持一步步走向历史舞台的中心，从原始渔猎文明时期人类的无意识，到农耕文明时期人类的有所感知和行动，工业文明的到来，新中国的成立，使人类最终认识到水土流失对黄河、对人类的巨大危害，开始了大规模的水土保持活动。水土保持，成为黄河治理开发的一个重要组成部分。人类，开始给予自然应得的尊重和礼遇。

第一节　渔猎文明和农耕文明时期

——萌醒之间的水土流失防治

在漫长的历史时期，我们的先民尽情享受黄土高原肥田沃土的丰富馈赠，历朝历代当政者投向她的目光，是不断的开发和无尽的索取，从而对人类生存的地理环境造成了巨大的破坏，加剧了黄土高原地区的水土流失，使黄土高原生态环境日趋恶化。疏松的黄土每年大量流入黄河，使黄河下游成为世界瞩目的“地上悬河”，严重威胁着下游人民的生命财产安全。

早在战国时期以前，中华民族的先民就已认识到植被的破坏可能导致严重的生态后果，认识到保护植被对于维持生态环境的稳定，防止土壤侵蚀具有重要意义，所以在《周礼》中就记载了专门设有保护山林的官职。汉景帝时曾专门设立机构掌管植树造林。在长期的劳动实践中，我们从事农耕业的祖先对水土流失问题也有所意识，并摸索出了一些减少水土流失的方法。黄河流域的劳动人民，针对坡耕地、荒地和沟壑的不同情况，创造了许多行之有效的治理措施；同时在坡、沟不同位置上及风沙区，创造了许多小型蓄水工程和治沙措施。这些措施都能有效地治理各类土地上不同形态的水土流失，有利于改变黄土高原面貌，促进当地经济发展、群众脱贫致富。

人类很早就在黄土高原地区的坡地开垦修田，以满足对粮食的需要。坡耕地在黄土高原丘陵沟壑区和土石山区分布广泛，占耕地总面积的 80%～

90%以上，在高塬沟壑区的塬边和沟坡也有少量分布。坡耕地坡度一般在15度以上，有的大于25度，水土流失十分严重。据观测，25度左右的坡耕地，每年每亩流失水量30～40立方米，流失土壤8～10吨，使耕地日益贫瘠，农业生产量低而不稳。为了保护生产，就需要对其进行治理。我国古代就有在缓坡地上修筑梯田的实践。有起源于西周、汉代和魏晋时期的甽田、代田、草田轮作等保土耕作法。沟洫起源于夏代，开始是用于平地排水，后来在坡地上顺等高线布设，就兼有蓄水保土作用。民国时期，沟洫转为坡式梯田，新中国成立后被水平梯田所代替。这些措施，在提高农业产量的同时，还有增加渗透、保蓄水分、减少径流冲刷的作用。

黄河流域存在着大量的荒地，包括荒山、荒坡、荒沟、荒滩、荒沙，被称为“五荒”。荒山、荒坡大都坡度陡峻，一般在20～30度，植被缺乏，只有稀疏的野草。除风沙区的沙荒地以沙丘移动和风蚀为主外，丘陵区、高塬区和土石山区的荒地，都有不同程度的水土流失，侵蚀模数一般2～4吨每年每亩，低于坡耕地，但有的局部地方高于10吨，超过坡耕地。人类治理荒地的措施主要是种草育草和造林育林。黄河流域各地，按自然条件和社会经济条件，分为农业区、农牧区和纯牧区，从恢复植被、蓄水保土和发展畜牧的基本途径看，农业主要是人工种草，农牧区和纯牧区主要是封坡育草和草场改良。荒地治理措施中，人工造林始于春秋战国时期，人工种草始于西汉时期。距今2000多年前，黄河流域就有以草养田的“草土之道”。西汉时这一地区的人们就开始种植苜蓿，并得到广泛推广，遍及黄土高原。南北朝时种植苜蓿更成为作物轮作的种植制度。到了唐代，陕北、陇东一带已发展到大面积的人工种植，作为肥地之本。黄河流域各地植树造林有悠久的历史，在长期实践中，人们对造林的各个技术环节积累了丰富的经验。但古代造林主要是在平地种植经济树和用材林，对水土流失地区的造林技术经验较少。

黄土高原有大小沟壑27万多条，各类沟壑以沟头前进、沟底下切、沟岸扩张三种形式，不断向长、深、宽三个方向发展，危害十分严重。千百年来，黄土高原地区的群众，采取从沟头、沟坡到沟底，从支、毛沟到干沟一系列的配套工程，同时在集水面上修梯田、造林、种草等综合措施，收到了减轻和制止沟蚀、充分利用水土资源的效果。沟壑治理措施中，筑坝淤地，变荒沟为良田，是黄土高原地区具有独创性的一项水土保持措施。淤地坝对于黄土丘陵沟壑区巩固抬高侵蚀基点，减轻沟蚀，充分利用水土资源非常有效，所以黄河中游的陕西、晋西等地，明清时期就有了修筑淤地坝的历史。据说黄河流域最早的淤地坝，不是人工修筑的，是天然塌方形成的。早在明隆庆年间，陕西省裴家湾王家圪洞，由于山坡滑塌，堵塞了沟道，形成天然聚湫。后来这块坝地年年丰收，使人们得到了启示。人工修筑的淤地坝，陕西、山西境内修建最早，至今仍保留有400多年的淤地坝。在明万历年间，山西省汾西线一带兴起人工修筑淤地坝的热潮，三年内发展到300多家。直到清代，在陕西、山西境内仍然继续得到广泛的应用。光绪三年大旱，山西省柳林县贾志塬村坝地小麦亩产仍有140公斤，这在当时已经是丰收产量，因此轰动一时。沟头防护始于清代前期，是高塬沟壑区制止沟头前进的有效措施，是在集流区全面规划、综合治理的基础上进行修建，有蓄水式和排水式之分。

小型蓄水工程是人类为解决干旱少雨的地区人畜用水问题，逐步发展起来的，这类蓄水工程在一定程度上能够起到减少水土流失的作用。在小型蓄水工程中，引洪漫地措施起源于春秋战国时期，其后历代均有发展。利用暴雨中的坡洪、路洪、沟洪、河洪漫灌农田，不仅提高了粮食产量，改良了土壤，扩大了耕地面积，而且减少了河流洪水泥沙，变水害为水利，是水土保持中的一项有效措施。水窖起源于明代，由于黄河流域许多地方干旱缺水，水窖在地下，而且有防渗措施，蒸发和渗漏很小，能长期使用。水窖拦蓄了地表径流，从而可以减轻土壤冲刷。涝池、塘坝起源于西周和春秋时期，是与黄土高原特殊的地质地貌密切相关的。黄土高塬沟壑区和阶地塬面道路，由于车辆碾扎，人畜践踏，暴雨径流冲刷，年久变成窄深水壕，既是道路，又是水路，其下连接沟头。涝池、塘坝的修建，同样是由于在拦蓄水流的同时，减少了对土壤的冲刷，在防止水土流失方面显示出很大的优越性。

针对风沙区，古代人类也创造出一些有效的措施，例如风沙区的治理就始于明代。黄河流域的风沙治理措施，主要沙障固沙、植物防风固沙、引水拉沙造田三方面。一般做法是以沙障固沙为先导，以植物固沙为主体，在有条件的地方搞引水拉沙造田。利用水拉沙造田就是黄河流域独创的治沙措施，它不仅能够有效地制止流沙危害，改善生态环境，而且还可以把大量荒地改造成农林牧副业生产基地。

总的来说，从西周到晚清，人类在生产实践中自发地采取了一些防止水土流失的措施，但水土保持还没有成为一项事业，也没有明确的方略。人类在治理黄河的过程中，首次认识到黄河中游水土流失对黄河防治的危害，将黄土高原水土保持与下游防洪联系起来则是明代。明代周用奉命总理河道，在《治河事宜疏》中首先提出了开沟洫的主张，万历年间，徐贞明则明确提出"治水先治源"的指导思想与主张。但明清两代也仅限于思想上的认识，没有形成明确的政策，进行有目的的实施。综观从原始文明到农耕文明的整个时期，正如黎明的曙光，人类的水土保持事业，仍然处于一种萌醒之间的自发状态。

第二节 工业文明时期——水土保持创新纪

如果说人类在农业文明末期产生了水土保持治河思想是治黄史上的一次觉醒，进入工业文明时期的人们，借助现代科技的智慧和工业化时代的机械力，开始付诸实践，开展了大规模、有计划的水土保持建设。

中国的水土流失一年有50亿吨，占全世界200多个国家水土流失总量的五分之一。黄河流域又是我国水土流失最严重的地区。黄河之害，根在中游的水土流失。除害要治根，治根就要水土保持。民国时期，人们开始有意识地对黄河黄土高原的水土流失问题进行研究，水土保持的叫法也是这一时期提出并被广泛使用的。20世纪40年代初，在黄土高原的陇南天水及关中荆峪沟还率先进行了水土保持的试验示范，但限于当时种种条件，其规模极小，只是处于萌发状态。为进一步减少水土流失，民国时期已将沟洫转化为沟洫梯田即坡式梯田，与保土耕作法、造林种草一起，作为水土保持措施进行试验示范和小范围推广。不过，在国弱民贫的旧中国，由于科学技术、认识水平和社会制度等因素的限制，当时，黄土高原水土保持多是一家一户在小块土地上进行的。投资少，规模小，设备简陋，成效不大。人们还没有能力进行较大规模的研究和治理活动。

水土保持的真正开展实际上是在新中国成立以后，1946年，冀鲁豫黄河水利委员会成立，掀开了人民治黄的新篇章，1957年国务院成立了水土保持委员会，进一步加强了专项宏观领导。从20世纪50年代开始，掀起了治黄史上大规模、有计划、群众性的黄土高原水土保持生态环境建设。人类第一次从全局和宏观上进行水土保持的研究、规划和治理。黄土高原地区的水土保持从试验示范逐步走向全面开展，逐步形成了以基本农田建设、植被建设、沟道工程建设为主的三大治理措施体系。

基本农田是人类满足自我粮食需求的必需品，在长期的农业生产活动中，人类逐渐总结出减少水土流失的耕作方式，并不断改进、完善。如今的农田建设，主要采取梯田、条田(埝地)、沟坝地等方式，根据1995年的统计，全流域修建各类的基本农田共7754.77万亩，其中梯田占55%、条田占18.7%、沟坝地占7.4%、其他1462.72万亩。

新中国成立初期，流域各地普遍推广坡耕地上修沟埂式梯田(坡式梯田)，要求逐年加高地埂，减缓坡面，经若干年后逐步变成水平梯田。1958年以后，许多地方普遍采取一次修成水平梯田的做法，坡式梯田大部分地区也不再采用。据各地水土保持试验站观测，在一般降雨情况下，水平梯田能全部就地入渗，做到水不出田；在较大暴雨下，比坡耕地减少径流泥沙 80%~90%。坡耕地修成水平梯田以后，一般能增产粮食 1 倍左右，加上精耕细作，增施肥料，能增产 2~3 倍。因此，黄河流域水土流失地区的广大干部和群众都把坡地修梯田作为提高粮食产量的主要措施。保土耕作法、沟洫作为坡耕地治理措施在大部分地区基本不再采用，但在地广人稀地区，坡式梯田仍被作为一项过渡性措施。沟壑种植、抗旱丰产沟、草田轮作等保土耕作法，也在部分地区少量推广。

人类很早就认识到利用自然力量保护环境的作用，认识到植被对大地的保护功能，但专门针对水土流失进行大规模的植被建设，主要是在新中国成立以后。植被建设主要包括种草育草和造林育林。到 1995 年底，全流域累计造林、种草面积占治理措施面积的 66%。其中作为治理黄土高原突破口的沙棘资源面积也得到很大发展。

新中国成立后，除种苜蓿外，主要是种草木樨。1975 年后，沙打旺又成为风沙区和黄土丘陵沟壑区的主要飞播草种。80 年代以来，黄河流域的人工种草发展较快，苜宿、草木樨、沙打旺、红豆草、毛叶苕子等五种牧草，因抗寒抗旱、耐瘠薄、根系发达、枝叶繁茂、蓄水保土能力强等优点，得到广泛种植。种草保存面积逐年增长。

1950 年以后，黄河流域的造林育林工作发展迅速，到 20 世纪 90 年代中期，已累计造林 1.18 亿亩。“三北”（东北、华北、西北）防护林工程很长一段就在黄河流域。到 1998 年底，累计造林 2000 多万公顷，使“三北”地区的森林覆盖率从 1.05%提高到 10%。“三北”防护林体系长达 4480 公里，是迄今为止世界上规模最大的人工造林系统工程。其建设规模之大、速度之快、效益之高均超过美国的“罗斯福大草原林业工程”、前苏联“斯大林改造大自然计划”、北非五国的“绿色坝工程”，在国际上被誉为“中国的绿色工程”、“世界生态工程之最”。1987 年联合国环境规划署授予“三北”防护林建设区“全球五百佳”奖章。这里已经成为雄伟壮观的“绿色长城”。

人类因为垦田开荒行为破坏了植被，加剧了水土流失。作为治理手段，人类最先想到的，是工程治理措施。这是最直接、最具针对性和操作性、见效最快的手段。沟道工程建设得到高度重视，成为人类实施水土保持的重要举措之一。在 20 世纪 80 年代开展的小流域综合治理中，一般采取支、毛沟上游修谷坊工程，与下游的淤地坝、小水库等结合，形成完整的坝系。沟地修谷坊虽然从 1944 年才开始试验，但由于制止沟底下切效果较好，在山区、丘陵区发展很快。保墹固沟更是新中国成立后，经过多次调查后才提出来，并在实践中逐步发展完善的，主要应用在陕、甘、宁三个有墹地的地区。新中国成立后，淤地坝得到大力推广，拦泥、淤地、抗旱、增产效果显著。1971～1980年，黄河流域淤地坝建设取得突破性进展，1981年，进入了兴建治沟骨干工程阶段，并总结出“以坝保库，以库保坝”、“小多成群有骨干”等经验。治沟骨干工程主要是指在黄土高原水土流失严重地区，配合面上的梯田、种草、小型淤地坝等措施，在集水面积3～5平方公里或更大一些的支沟内兴建的控制性工程，以提高沟中坝系的防洪标准，同时还可拦泥淤地。到20世纪90年代中期，黄河流域已建成各类水土保持沟道工程400多万座(处)，其中淤地坝10多万座。

随着国家政治、经济和社会的发展，新中国水土保持工作也走过了逐步发展的几个阶段。

20世纪50年代是水土保持工作的开创时期，人类开始摸索前行，迈出了历史的第一步。这一时期黄土高原水土保持被作为“变害河为利河”的关键工作，开始列入国民经济建设计划。当时就明确提出水土保持是治黄的一项重要任务，积极推动开展水土保持工作，开展了大量的实地调查研究，举行了一系列有关水土保持的较高层次的会议，逐步统一了思想，制定出规划，建立起相应的领导与管理机构，着手水土保持工作的试验研究工作。在甘肃省的天水、西峰，陕西省的绥德等地率先建起了三个水土保持科学试验站，在黄河支流的渭河、泾河、无定河等流域内，试验推广了沟垄种植、造林、种草、筑坝淤地、修地边埂等单项治理措施。由过去分散进行单项治理，发展为一沟一坡成片治理。通过坡耕地上培地埂、修软埝，沟垄种植、垄作区田耕作，荒山荒坡造林种草，支、毛沟打谷坊，干沟修大型沟壑土坝。涌现出了一批好的典型，如山西阳高县大泉山、甘肃武山县邓家堡等。山西省河曲县曲峪村，背靠丘陵、面对黄河，总面积12.7平方公里，就有12架山梁、12条大沟，一片乱石滩。十年九旱、荒山秃岭的恶劣环境，使当地粮食亩产不过二三十斤，村民不得不常年逃荒要饭。通过引洪淤地，治理滩地，逐步开展治山治沟工程，在山梁造林，坡地种植果树，在干、支、毛沟打坝，修建提水站，通过十几年的艰苦建设，最终成为远近闻名的富裕村。

20世纪六七十年代水土保持工作逐步走向全面规划及有序治理阶段。黄土高原水土保持提出了“以土为首、水土林综合治理，为农业生产服务”的方针。水坠筑坝、机修梯田和飞播林草取得重大进展。在这一个时期内，国家的坎坷动荡也影响到黄河治理的决策，水土保持经历了起伏跌宕。水保机构几乎都遭到过撤销，科研中断。各地也出现毁林、毁草，陡坡开荒的严重情况。

20 世纪 80 年代，经过几十年的大规模探索和实践，人类对水土保持已经有了一定的经验，确定了更有针对性的治理措施，黄河流域水土保持进入以小流域为单元的综合防治阶段。水土保持以小流域为单元，山水田林路统一规划，提出了工程措施、耕作措施与生物措施相结合，经济效益、生态效益和社会效益兼顾，以经济效益为主的基本工作思路，加快了治理进度。

凭借改革开放及全国科学大会的强劲东风，国家有关部委就“黄土高原水土保持综合治理与农业生产建设方向”问题数次召开大型会议，热烈争议黄土高原综合治理的方向与战略构思问题。为黄土高原水土保持的新发展吹响了号角，揭开了序幕。各级水土保持机构相继恢复、重建或新建。至此，流域内治理及科研工作体系大体上日臻完备。

与此同期，黄土高原综合治理在宏观布局及重大举措上陆续出台了几件大事，使流域水土保持面貌发生了根本性改观。一是以小流域为单元进行治理逐渐深入人心，广泛采用。“众里寻她千百度，蓦然回首，那人却在灯火阑珊处”，人们发现，从小流域着手，进行综合治理，不仅水土保持效果好，更是将社会、经济效益和实际情况相结合的有效途径，因此到 80 年代后期，已经有 2000 多条小流域实施了治理。二是“户包水土保持责任制”这一群众性创举如火如荼地开展起来。有句话说的好：人民的力量是无穷的。通过“四荒”拍卖、租赁、户包和股份合作等，依靠群众自发治理水土流失。“四荒”地治理面积和治理率得到迅速增长，参与农户大大增加。三是制定出黄土高原地区水土保持专项治理规划，为黄土高原综合治理的宏观决策及分类指导迈出了关键性的一步。四是黄土高原治理重点向粗泥沙来源区转移。经过长期的艰苦研究和实践，治黄工作者通过广泛的调查研究和观测分析，对黄河流域黄土高原水土保持的认识有了一个新的飞跃，找到了 15.6 万平方公里的多沙粗沙地区，该区总输沙量约 14 亿吨，占全河总沙量的 80%多，更是全河 90%总粗沙量的来源区，危害最大。在黄河下游河道年均淤积泥沙 4 亿吨中，这种粗沙约占 70%。因此，该区既是多沙来源区，又是粗沙来源区，是黄河症结的策源地。这种认识，大大缩小了治理黄河的重点区范围，有利于集中力量，加强治理。治理措施上，在不同层面上把“户包”小流域治理和后来以治沟骨干工程为主体的沟道坝系建设紧密地揉合在一起，形成国家与群众个体力量的有效结合。建设治沟骨干工程也显示了良好的除害兴利效益。五是沙棘建设得到重视。沙棘是一种神奇的多功能植物，既能够生产营养丰富的果实、枝叶和发热量很高的薪柴，又具有极强的保持水土，改善生态环境的功能。因此，我国从 1985 年开始对沙棘资源进行了大规模的开发利用。在黄河中游水土流失最严重的地区，每年种植沙棘 50 万 ~ 80 万亩，为实现黄河中游黄土高原和西北地区的山川秀美作出了贡献。

20 世纪 90 年代以后进入依法防治与科学防治相结合阶段。1991 年，中华人民共和国第一次把水土保持工作以法律的形式予以确认。《水土保持法》的颁布实施，标志着水土流失的防治突出了“预防为主”的指导思想，确定了依法防止和科学防治的新观念。西部大开发战略把水土保持纳为生态建设的重要内容，保护生态环境已成为国家共识而纳入史册，国家对黄土高原地区的政策指导也发生了变化，高度重视生态环境问题，提出了封山育林退耕还林还草的政策。黄土高原的水土保持工作进入了新中国成立以来发展最快的时期。几千年过去了，人类也终于在新中国、在千年之交找到了与自然交往的理想之门。

50 年来，国家先后投入巨资推动，黄土高原水土保持生态环境建设由单项措施、分散治理发展到以小流域为单元、不同类型区分类指导的综合治理；由单纯防护性治理发展到治理开发相结合，生态效益、经济效益、社会效益协调发展。在“再造一个山川秀美的西北地区”美好前景的指引下，黄土高原的水土流失治理和生态环境建设进一步加快，走上了“以重点支流为骨架，以县为单位，以小流域为单元，集中连片，大规模，高标准，快速治理”的新阶段。就有关部门统计，截至 2000 年底，水土流失初步综合治理面积累计达到 18 万平方公里，其中建成治沟骨干工程 1390 座，淤地坝 11.2 万座，塘坝、涝池、水害等小型蓄水保土工程 400 多万处，兴修基本农田 9700 万亩，营造水土保持林草 11.5 万平方公里。

黄土高原水土保持工作改善了当地的生态环境，为群众脱贫致富创造了条件。人类在礼遇自然的同时，也得到了自然的丰厚回报。据测算，水土保持 50 多年来，直接效益近 2000 亿元。现有治理措施平均每年可增产粮食 50 多亿公斤，解决了 1000 多万人的温饱问题，在一些重点治理区，一大批综合治理的小流域，其治理程度已达 70%以上，成为当地发展农林牧副业的生产基地。这些工作在一定程度上改善了农业生产条件和生态环境，局部地区的水土流失和荒漠化得到了遏制。20 世纪 70 年代以来水利水保措施年均减少入黄泥沙 3 亿吨左右，占黄河多年平均输沙量的 18.8%，减缓了下游河床的淤积抬高速度，为黄河安澜作出了一定贡献。在黄河上中游水土流失最严重的皇甫川流域裸露础砂岩地区，经过 10 年的水土保持综合治理和生态环境建设，号称“地球肺癌”的础砂岩开始被人类征服。如今山变绿，水变清，多年不见的白天鹅重新在青山碧水间翩翩起舞。

第三部分

人与黄河

古人云：经天纬地曰文，照耀四方曰明。两者相合，产生了一个伟大而深邃的名词。它基于自然、属于人类，代表了人类开发自然、自我发展的一种状态，这就是文明。人与自然的结合孕育出了文明，人类一路走过，在天地间留下的最深刻印记，也就是文明。回首历史，人类的文明以越来越强大、越来越主动的姿态，改变着自然，改变着黄河，也改变着自我。

第一章 自然的力量

“天行有常，不为尧存，不为桀亡。”自然的力量无处不在。人类经过千百万年的生物进化过程，战胜了所有的生存竞争对手，牢牢站在了地球生物链的最顶端，只因为物竞天择、适者生存。华夏文明的孕育、成长和强盛的每一步，都离不开他们身边的那条黄河，脚下的那片黄土地，和天上照耀的阳光、随风来去的雨雪霜露。

第一节 文明的支点

放眼历史，易于耕种的绵绵黄土，不仅能带来丰沛雨量的季风，还能带来时而泽润大地，时而泛滥成灾的黄河，是影响中国命运的三大自然因素，它们孕育了古老的中华文明，引发了数千年来黄河流域长城南北游牧文明与农耕文明的产生和纷争，直接或间接地促使中国要采取中央集权式的、农业形态的官僚体系。即使在今天，对黄河流域的经济社会发展仍然具有巨大的影响力。

几百万年前，漫漫大风堆积成了广大的黄土高原，又被降雨分割成千沟万壑。纤细肥沃的黄土，可以供原始的工具耕耘，也使居住在这里的先民能够早早地从渔猎文明迈入了农耕文明。于是在公元前1000年，中国社会即已在文化上表现出均匀一致。在广袤而平坦的黄土地上，守四时、有规律的农耕细作，普遍一致的人力劳动，漫长但相对稳定的收获，使得这个社会的基层细胞的组织与小块耕地的操作结下了不解之缘，也促成了家族的团结和协作分工，对中华文化的形成同样具有一定的影响力。

如果仅仅如此，还不足以促成一个强大文明的诞生。当我们的目光从黄土地上抬起，仰望覆盖她的那片天空，我们就会有新的发现。黄河流域的降雨具有很强的季节性，大致全年雨量的80%出现于夏季3个月内，在此期间风向改变，来自东南方向的海洋暖湿气流吹袭而来，与西边和东北的冷气流相遇，才能产生降雨。两种气流在流域内不同地区的不断相遇、进推，使黄河流域内的不同地区或淫雨连绵，或干旱少雨，千百万众生常因这两种变数的遭遇与否而影响到他们的生计。而且黄河含沙量高，经常淤塞河道，引起堤防溃决泛滥，对下游居民造成大量生命与财产损失，这时，如果有一个坐落于中游的中央集权，既拥有充足的储备资源，又有威望动员所有的资源，能指挥有关的人众，同时也能及时组织救助，才可以在黄河经常的威胁之下，给予应有的安全。

从黄河流域发现的西侯度文化、蓝田人、丁村文化等可知，这一地区是古人类活动栖息的重要区域。到了距今一万年前后的新石器时代以来，大地湾文化、裴李岗文化、仰韶文化、龙山文化异彩纷呈，出现了新石器文化繁荣兴盛的局面。但中国农业文化的起源是多中心的。在长江以南，湖南渔县的彭头山文化遗址距今已有8000年。早在距今7000年前后，河姆渡人就在宁绍平原创造了灿烂的文化，在太湖流域的马家洪文化、良渚文化等也都盛极一时，居于长江中游的大溪文化、屈家岭文化、青龙泉文化也都颇有影响。在北方的辽河流域也发现有新乐文化、兴隆寺文化、红山文化、崖河文化等，尤其是红山文化的艺术品，令人拍案叫绝。文明的起源可谓满天星斗。但是，无论是盛极一时的河姆渡文化、良渚文化、屈家岭文化，还是光彩夺目的红山文化等，以后都神秘地“突然衰落”了，再也难以重现往日的辉煌，黄河流域的新石器文化却一脉相承，发展最持久，力量最强劲，影响最深远，直到最后一跃建立起统一华夏族各部落的强大的夏王朝——中国历史上第一个奴隶制国家，成为整个中国的统治中心。

这其中或许有许多原因，但学者们通过研究和比较发现，在黄河流域兴起的大规模的、卓有成效的治水活动，对社会的进化、部落的统一、“古国”的建立、文明的发展、国家的形成，起到了不容置疑的催化作用。在新石器时代晚期，以大禹为首的治水大军，浩浩荡荡，顽强拼搏，“随山刊木”，“疏川导滞”，使大河顺流入海，人民安居乐业。治理洪水的成功，不仅仅是一次与大自然抗争的伟大胜利，也是传播文明火种、加强各原始部落联合及凝聚力，逐步形成强大国家政权的过程。夏王朝的建立，使中国的原始社会发生了一次根本性变革，使之进入了人类文明的新阶段。

西安是11个朝代的都城所在，当世界各地的旅游者们参观它的时候，可能很少想到，它的存在和兴盛发达，它所代表的那个强盛文明，与肥沃的黄土和泛滥的黄河，有着不可分割的密切关系。唐代以前全国的京都都在黄河中游地区(西安、洛阳)和黄河冲积扇顶部（郑州、安阳）。定都以后，由于政治需要，就在附近大修水利，秦汉两代先后在关中修建了郑国渠和白渠，进一步改善了环境，发展了农业，使关中成为当时全国的首善之区，成为汉唐建立强大帝国的物质基础。盛唐时期，西安是当时世界最大的国际都市，希腊、罗马的文化通过这里传播到日本。因此，汉唐两代，黄河中下游地区作为全国政治、经济和文化中心的地位得到进一步加强，成为中国文化的摇篮。

黄河流域内气候的差异影响了中华大家庭中游牧民族和农耕民族的活动空间，而气候的变迁还影响到两者的争斗和融合。西方人在研究中国文明时发现，沿着长城一线，恰好是所谓的“15 英寸等雨线”，将干旱半干旱地区与湿润半湿润地区划分开来，与此对应，南北两边形成了农耕与游牧两种截然不同的生产方式，形成两种不同的民族和文明。随着气候的变迁，尤其在气候不利的时候，马背上的民族就不由自主地打算袭击种田者，因为后者通常有半年的积蓄。零星的侵略可能扩大为战事，防守者则企图报复，有时也全面出击以图先发制人。就这样，塞外的游牧民族与长城内的农耕民族，就在这种争斗中，相互仇视，也相互融合，经历了 2000 年，并影响了中国历史的进程。

第二节 王朝背影中的气候变迁

气候的变迁甚至很具体地影响到文明的脚步和朝代的兴衰。

根据著名气象学家竺可桢的研究，中国的气候存在温暖期到寒冷期的交替变迁。我国的气候，自古代以来曾经有过多次南北之间变异性的变迁。当温暖期到来之后，对黄河流域地区的经济社会发展有积极影响，当寒冷期来临，则会对长江流域及其以南地区的经济社会发展起到促进作用。这种气候变迁的影响，尤其在人类文明的初期，留下了鲜明的烙印。

公元前 3000 ~ 前 1100 年，中国的气候处在温暖时期，此后经过公元前 1100 ~ 前 850 年，时值西周前期，经过了一个短暂的寒冷期后，从公元前 770 年到公元初年的春秋、战国、秦、西汉时期，又进入第二个温暖期。在这段长时间的温暖期，气温比现在略高,黄河流域一带气候温和，雨量较为充沛，比较适宜于人类的生活和农作物的生长。境内河流和湖泊也比现在要多，利于灌溉和航运，以及水量的自我调节，广袤的黄土地肥沃而疏松，便于使用简单的工具进行开垦，因此农业生产首先便在黄河流域发达起来，处于全国领先的地位。而当时南方的长江流域，气候过于湿热，易生疾疫，不适宜人类居住。加上原始森林或湖泊沼泽遍布各地，土壤在铁工具尚未普及之前也难以垦殖。因此，尽管长江流域也是中华文明的发源地之一，原始农业出现也很早，但是发展却很缓慢，长期滞后于黄河流域。所以在漫长的历史岁月中，从春秋战国到秦、西汉的各个强大王朝，均是选择黄河流域作为政权王国的世袭之地。

从公元初年到公元600年的东汉、三国到六朝时代，中国的气候转入第二个寒冷期。此时长江流域的气候条件变得适宜人类的居住，铁工具的普遍使用，也使砍伐森林、清除灌木、排除积水、开垦洼地变得更为容易，长江流域的经济逐渐发展起来。特别是西晋末年和十六国时期，黄河流域适逢战乱，社会动荡不安，生产遭到严重破坏，人口纷纷外流，其中有不少人迁移到南方，更进一步促进了长江流域的开发，江淮、太湖地区荒地得到大量开垦，成为新的财富之区。历史上三国鼎立的蜀国和吴国均定都在长江流域，一时之间，三分天下已居其二，可见当地经济社会已经有了很大发展。

当历史的年表进入公元600~1000年，也就是隋唐至北宋初期，中国的气候再次进入第三个温暖期。这一时期，南北方经济都已得到了极大的发展，但由于此时的长江流域又变得湿热难熬，加上开发初期必须投入更多的人力和财力，而在隋和唐前期的大一统形势下，社会安定，迁往境外包括迁往南方的人口又纷纷回到黄河流域，所以北方经济更占有一定的优势。人的潮流如此跟随这气候的变迁，流动在南北大地上，不断建造着美好家园，推动着中华民族的不断前进和繁盛。

就在这次有400年左右的第三次气候温暖期间，也就是唐宋时期，黄土高原的植被发生了非常明显的变化，主要表现在三个方面：一是毛乌素沙地环境的恶化和沙漠化的发展；二是草原带的南界向南明显移动；三是黄土高原上耐旱植物分布范围的扩大。与此同时，与黄河关系密切的中游湖泊，多在唐宋消逝了。如太原古湖盆的晋阳湖，水面原有千余平方公里，到唐代已经收缩到150平方公里，金元时则成为牧马之地。无定河上游的奢延泽，南北朝时大夏王朝傍湖建立了统万城，这块当年“临广泽而带清流”的地方，唐宋时已是水枯城荒，化为废墟。这表明，当时黄河流域地区气候相对干旱，对长城以北的游牧民族和靠天吃饭的小农经济来说，其影响都是直接和不可小视的，土地的收成会减少，百姓的生活水平会下降，社会动荡就会增加。唐中期“安史之乱”爆发，接踵而来的藩镇割据又导致战争频起，周边各族也乘机进行骚扰和掳掠。长期的战乱，使作为唐政府主要赋粮来源地之一的两河地区(河北、河南)优势丧失殆尽，一向富庶的关中平原也失去往日的风采。其后的五代十国时期，黄河流域仍然混战不休，往昔繁华的长安变得棘满城，狐兔纵横，洛阳也是“城邑残破，户不满百”。但南方地区在“安史之乱”以后，却较少受到战乱的影响，大批北方人民又纷纷南下避难，社会经济得到迅速发展，开始超过了北方。北宋建立后，黄河流域的经济一度得到恢复和发展，但由于河患频繁，北方经济再次遭到严重破坏，京师的粮食供应大部分要仰赖于长江流域。到了南宋与金对峙的时期，南方经济已彻底压倒黄河流域，完全确立了其中国经济重心的地位。

此后，中国的气候仍在不断变化，历经公元 1000 ~ 1200 年两宋时期的第三个寒冷期，公元 1200 ~ 1300 年即从南宋中期到元代中期的第四个温暖期，从公元 1400 ~ 1900 年的长寒冷期，但由于南方的开发已最终完成，加上科学的发展，生产力水平的提高，这种气候的变化对地缘经济的影响已经很小，而自然生态环境破坏和传统小农经济格局对流域经济社会的限制性则越来越明显。

近代有关的科学家研究探讨黄河下游决溢和河道变迁问题，发现与气候变化也存在千丝万缕的关系。通过统计发现，历史上黄河下游变化的总趋势是决溢改道愈来愈趋频繁，但并非直线上升。造成黄河决溢改道的原因是多方面的，中游产流产沙量的多少应是主要因素。产流产沙量的大小则主要决定于气候和降水条件。黄河流域位于东亚中纬度地带，正是气候和水文长期波动变化最为显著的地区之一。专家们通过分析得到这样的结果：黄河下游较大的改道一般都发生在气候的冷暖转折时期和较冷时期。气候关联着黄河的性格，影响着环境的变化，决定着人类的命运。自然的力量是如此的巨大和无处不在，不能不使我们人类减少盲目的自信和乐观，认真地对待我们的环境。

第三节 河患过处皆失色

水能载舟，亦能覆舟。黄河水少沙多，水沙不平衡，时空分布不均。黄河全年 60%的水量和 80%的沙量集中在 7 ~ 10 月的汛期，汛期泥沙又集中来自几场暴雨洪水，易形成暴雨洪水和高含沙洪水。三门峡水文站曾经测到的最大含沙量高达 920 公斤每立方米，那已经不能叫做泥水，而是泥浆了。反映在黄河的历史上，就是频繁而严重的洪灾。

黄河洪水危害严重，一旦决口，南决乱淮河水系，北决乱海河水系，洪水可能影响的范围涉及豫、冀、鲁、皖、苏 5 省的 110 个市、县，总土地面积 12 万平方公里，耕地 720 万公顷，人口 8510 万。据当代初步估算，黄河如果从北岸原阳以上或南岸开封上下堤段决口泛滥，直接经济损失都将达千亿元。历史上黄河洪水灾害频繁，主要发生在上游兰州河段、宁蒙河段和下游河段。其中，以黄河下游洪水灾害最为剧烈。据记载，从先秦时期到民国年间的 2540 多年中，黄河共决溢 1590 多次，改道 26 次，平均三年两决口，百年一改道。清代赵然曾在《河决叹》中写道："神河之水不可测，一夜无端高七尺。奔滔骇浪势若山，长堤顷刻纷纷决。"表达了当时人们对洪水的无奈。历史调查最大洪水发生在1843年，洪峰流量为陕县水文站36000立方米每秒，民谣称"道光二十三，黄河涨上天"，实测最大洪水发生在 1958 年，花园口水文站洪峰流量 22300 立方米每秒。不过幸运的是，这次洪水发生在新中国，依靠百万抗洪大军，刚刚翻身解放的黄河儿女，顽强顶住了这次巨大洪水的狂野侵袭。

黄河下游的洪水决溢，不仅损失惨重，而且影响深远，凡是黄河洪流泛滥的地区，地形地貌、河流水系、土壤、水文地质都受到很大影响。洪水过后，良田沙化，河系淤塞，灌排系统受到严重破坏，加剧平原碱涝灾害，恶化生态环境，甚至导致河流改道。

古代黄淮海平原上河流交错，湖泊密布。这些河流既可通航，又可灌溉，同时还能分泄黄河水沙，有利于黄河下游的防洪。各种湖泊、沼泽对调节平原地区气候，发展灌溉、蓄沙滞洪都有积极的作用。但是，自西汉中叶以后至北宋时期，黄河长期在河北平原的决口改道，宋金以后又在黄淮平原上屡屡改徙，使许多古代可以通航的河流淤浅断流。如战国至魏晋时代的鸿沟水系、隋唐时代的南北大运河、北宋的漕运四渠等，其中不少被淤为平地。古代分布在广大平原上的许多湖泊、沼泽，也先后被泥沙淤平而从地图上消失。河北平原，曾是千湖之国，今天则只剩下一片小小的白洋淀供人凭吊。古代著名的大陆泽、巨野泽等，经宋元明黄河泥沙的淤灌，都渐湮废。其他如雷夏泽、孟渚泽、圃田泽等，则在清代以前被黄河长期南泛的泥沙所淤平。在北宋时期还是烟波浩淼 800 里的水泊梁山，曾经造就了一代英豪的水上舞台，明清时已经淤为陆野，可以策马轻取黑风口了。

这些河流、湖泊、沼泽的淤浅湮废，对黄河下游河道水沙的调节，对交通运输和农田灌溉及小气候变化等，都产生了极坏的影响。再加上黄河改道后以及古代河湖淤废后留下的沙堤、废河床、洼地等杂乱无章的地貌，使平原在伏秋时节排涝十分困难，随之形成大片盐碱地。干旱季节河流断流，湖泊湮废，又无法进行灌溉。可以说，中国历史上黄淮海平原上洪涝干旱灾害不断，黄河决口改道负有不可推御的责任。

东汉张衡的《西京赋》云："殷人屡迁，前八后五。"说商人的都邑在汤建立商朝以前曾迁都 8 次，建立商朝后又迁移了 5 次。如此频繁的迁都，原因有多种，但黄河水患是其中的重要原因。更有许多城市，被黄河深深地埋在了地下。这样的古城，在处于黄河下游冲积扇顶部的河南境内最为多见，汉代至宋代的内黄古城，深埋在9米黄土下，古城东昏，在兰考黄沙下8米深。而开封，则有“城下有城、街下有街”之说。开封在北宋时称为东京汴梁，曾是亚洲最繁华的都市，《清明上河图》所描绘的繁盛景象，让人叹服。但那“楫师炭商、交易往复”的汴河，那热闹至三更的夜市舟桥，如今已经深埋地下：宋金的舟桥，仍然屹立，但却是在今天相国寺大街西端地下12米处，而宋金时的汴河地表则在地下10米深处。在宋金都城的上面，仍然不是现代的都市，在它的上面，是明代的城市，明末、清代以来的几次大水将这个开封城再次活活埋在了两丈多深的黄土之下。这种现象，在世界上也是蔚为奇观，也让我们不得不敬畏黄河的破坏力。

由于在地理位置上纬度差异较大形成的黄河凌汛灾害是其他江河所没有的，在历史上也曾屡屡困扰黄河两岸的人们。据历史上不完全统计，下游自1855年至1938年的84年间，有27年发生凌汛决口，平均三年一决。新中国成立后的50年有43年冬季出现封河现象，其中发生严重冰凌灾害有15年。黄河宁夏、内蒙古河段，年年封冻，每年都有不同程度的凌灾发生，较大范围的淹没损失平均两年一次。历史上曾认为凌汛是人力不可抗拒的，故有“凌汛决口，河官无罪”、“伏汛好抢，凌汛难防”之说。

第二章 文明的光耀

黄河流域是中华民族的摇篮，我国古代文明的发祥地之一。我们黄皮肤、黑眼睛的先祖们，在黄河岸边，以领先于世界的科技、政治和经济发展水平，创造了璀璨的文明，留给了我们无数闪耀着灿烂光芒的记忆。

第一节 四大发明出一家

在中华文明古国及其经济发展过程中，我们的祖先，在相当长的历史时期内，一直走在世界科学、文化的前列，最具代表性的就是四大发明。

四大发明指的是造纸、活字印刷术、指南针和火药四项发明，它们都是发生在黄河流域。四大发明的科学成果，不仅推进了中国社会、经济、文化的发展，而且促进了世界文明的发展，代表了黄河文明曾经的辉煌与先进。

今天，如果没有纸，那简直无法想象。但2000多年前，寻找廉价易得的书写材料，却是人们迫切而普遍的愿望。远古的人类靠龟甲、兽骨、帛、竹简等记事，大都不便使用。据说，竹简的使用，曾经使读书人欣喜若狂，它代替了甲骨和金石，可以用绳子串起来，而且也方便轻巧许多。但是用今天的眼光看，它仍然笨重得不可思议。据记载，秦始皇每天批阅的竹简公文就重达120斤（秦制）。西汉时，齐人东方朔曾写了一封信给汉武帝，用了3000根竹简，需要两个身强力壮的武士才能勉强将它举起来。汉武帝读这封信足足花了两个月的时间。

纸的发明，对人类文化的发展和传播发挥了很大作用。根据东汉范晔《后汉书》的说法，是公元105年蔡伦发明的。确切地说，是蔡伦首先发明了用树皮造纸的方法，大大扩展了造纸材料的来源，改进了造纸技术，提高了纸张质量，从而使纸张成为物美价廉的书写材料，逐步代替了我国原先使用的简帛。

近半个世纪以来，在新疆罗布绰尔、陕西灞桥、甘肃居延、陕西扶风等地先后四次出土了西汉时期的古纸，这说明，纸是在西汉时期发明的。据研究，大概在魏晋时期传到朝鲜，公元610年从朝鲜传到日本，公元751年传到阿拉伯，到公元1150年，由阿拉伯传到欧洲，16世纪再传到北美洲。来自中国的纸张，先后取代了埃及的纸草、印度的树叶以及欧洲的羊皮，从而引发了一场世界性的书写材料革命。

印刷术被人们称为“文明之母”，它的发明对人类科学文化的传播、发展有重大作用。最早的印刷技术是雕版印刷术，一般认为始于唐代初年，公元 7 世纪至 8 世纪，实际上春秋战国时期的印章、石刻文字，都应属于雕版。世界上最早印有出版日期的印刷品，是1900年在甘肃敦煌石窟中发现的唐代刻印的《金刚经》，它图文并茂、雕刻精美、刀法纯熟、墨色均匀，上面题的日期是“咸通九年四月十五日”，即公元 868 年。这件珍贵文物在 1907 年被斯坦因盗运到伦敦，如今存放在大英博物馆内。而在欧洲最早的、有确切日期的雕版印刷品，是德国的《圣克里斯托菲尔》画像，日期是公元 1423 年，晚于我国 600 年。

雕版的工作量大，花费时间长，体积又大，存放保管极不方便，而且几年、几十年才能雕出十几万、几十万块版子，往往只印刷一次就废置了，造成巨大的浪费和高昂的成本。宋万历年间（1041～1048 年）毕昇发明了活字印刷术，引起了印刷史上的一次伟大变革。毕昇也被尊为活字印刷的鼻祖。这种方法，只需要制出三五万个单字，就可以反复排版印刷，几十万、几百万字的书籍拿来就可以很快付印了。活字印刷术最早是用细胶泥为坯刻制，到了元代王桢改用木活字，明代中叶华燧开始使用字模浇筑的铜活字印刷。元代还发明了套色印刷术。

中国是印刷术的发源地。世界上许多国家的印刷术，都是在中国印刷术的直接或间接影响下发展起来的。从 8 世纪中期开始，印刷术先后传入朝鲜、日本、越南等邻国。大约在北宋末年到南宋初年（公元 12 世纪左右），传入埃及、波斯，并从波斯传入欧洲。

印刷术的发明与传播，结束了只有上层阶级才可以读书的时代，并成为世界科学复兴的手段。它成为全人类的共同文化财富，促进了世界文化交流和科学技术的发展。

指南针是华夏先祖对世界的另一个贡献。它为人民的生活带来了方便，为人类在陆地、海上的活动，争取了更多的主动权。相传 4000 多年前，黄帝和蚩尤作战时，就是靠着造出的指南车才战胜蚩尤的。《韩非子》曾记载人们研磨磁石，制成司南，也就是指南的意思。当时采玉工进入深山采玉，怕迷失方向，就携带辨别方向的司南。两者都是世界上最早的指南仪。指南车是利用齿轮原理，司南则是利用磁性原理制成的。战国时成书的《管子》中记载：“上有慈石，下有铜金。”慈石即磁石，铜金是指铁矿。可见当时人们已经认识了这些磁石的特性，并加以利用。

司南在汉以后就失传了，但文明的脚步并没有停止。宋代，人们又创制了更先进的指南仪，即通过将钢片磁化做成的指南鱼。11 世纪时，北宋的沈括通过三四种试验，终于制成了指南针，同时明确地指出指南针所指的方向并非正南，而是稍偏东一些，有一个地磁偏角。指南针发明以后，很快被航海家用于航海，约在12世纪，指南针传到了阿拉伯和欧洲，大大促进了世界航海事业的发展，成为我国人民为世界奉献的一份厚礼。

科学与迷信是对立的，但是在我国古代，两者却奇妙地联姻，促成了火药的发明和发现。因为火药是从道士那神秘的炼丹炉中孕育出来的。火药，顾名思义就是“着火的药”。自西汉时就有道士们进行炼丹活动，试图寻找长生不老的仙药。至迟在唐中叶时（公元9世纪）炼丹家就已经认识到，以硫磺、硝、炭为主要成分的药，是“火药”，会发生爆燃，引起火灾，烧伤人的手面。唐初著名医药学家孙思邈在其一本很著名的《丹经》中记录了一种硫磺伏火法，是现在发现的关于火药制造配方的最早的文字记载。说明我国至迟在1100年前已发明了火药。

火药在炼丹家手中诞生，却未派上大用场。直到唐末宋初，火药被引入军事，在军事科学技术方面引起了重大变革，方才惊天动地，大显神威。我国最早使用火药武器是在公元10世纪的唐代末年，在宋代，由于对火药爆炸性的认知，火药武器得到发展。出现了真正意义上的炸弹、管型火器、飞弹和多级火箭，留下了许多关于火药的生动记述。宋朝时还制造出了铜铳，是公元1232年铸造的，现收藏在中国历史博物馆，是迄今为止世界上最早的火炮。现代火箭的发祥地也是在中国，明代的《武备志》中就记载了与现代火箭原理一样的陆射 “神火飞鸦”，以及原始的二级火箭“火龙出水”、可返回式的火箭“飞空砂筒”等。

在12世纪到13世纪，火药及火药武器经海上、中外交通和陆上蒙古兵西征，先后传入伊朗、阿拉伯和欧洲，并在欧洲得到发展，成为西方文艺复兴时期攻破封建堡垒的有力武器。火药作为我国人民的一大发明，代表了中国人民的智慧和勇敢，为世界带来了巨大的变化。

科技是第一生产力。一个民族的生命在于创新，一个文明的生命在于创新，正是唐宋时期黄河儿女爆发出的巨大创新热情，催生出以四大发明为代表的大批科技创新成果，从而极大地推动了社会生产力的发展，掀开了黄河农耕文明时期最辉煌的一页。

第二节　大河两岸皆帝都

一个王国的都城往往是一个国家的政治、经济和文化中心。在华夏文明发展的漫长岁月中，在朝代的更替中，黄河岸边，成为无数帝王青睐的风水宝地。5000 年的中华文明史，在黄河流域建都的时间就长达 3300 多年，先后有偃师、安阳、西安、洛阳、开封、郑州、太原、呼和浩特、银川等城市被选为建都之地。中国八大古都，黄河独占其五。郑州是建都最早的都城所在地，洛阳号称 9 朝古都，开封则是 7 朝古都，西安更是先后成为 13 个朝代的都城。一座座巍然矗立、繁华盖于当世的都城，成为黄河岸边文明历史中的一颗颗璀璨明珠，代表了黄河文明曾经的强大与富足。

西安无疑是众多明珠中最璀璨的一颗。从西周开始先后有秦、西汉、前赵、前秦、后秦、西魏、北周、隋、唐等 10 个朝代以西安为都城，另外，王莽、汉献帝、晋愍帝也在西安短暂地建过都。因而西安成为历史上建都最多的大都市。

最早在西安附近建造的西周都城，当时已有内城、外城之创。秦始皇的咸阳城，渭水穿城而过，有城池、宫殿、阙楼，还有章台、诸庙、上林苑等，以及号称巍峨迤逦八百里的阿房宫。以咸阳为中心的驰道通向全国，使咸阳很快成为全国的政治、经济、文化、交通中心。汉王朝为了“长治久安”，取名为长安。经过 90 年的建设，汉长安规模始告齐备。汉代的长安城街道纵横交错，有“八街九陌”之称，当时在世界上只有西方的罗马城可以与之媲美，但罗马城也只有汉长安的四分之一。

伴随着一个盛世王朝的横空出世，隋唐时的长安城也达到鼎盛。隋唐长安城周围 37.7 公里，面积 84 平方公里，约是今天西安明城面积的 9 倍。隋唐长安城为长方形，分为宫城、皇城和外廓城三个部分。宫城为宫殿区，仅其内部的大明宫，面积就有 3.3 平方公里，宫内计有 26 门、40 殿、7 阁、4 省、10 楼，还有台榭池观等。宫内的主殿之一麟德殿，建筑面积达 1 万多平方米，大历三年唐代宗在前殿宴请剑南神策将军，赴宴者多达 3500 人，其规模之宏大可想而知。隋唐长安的皇城在宫城之南，是中央官署所在地。外廓城占地广阔，有 25 条大街，东西 14 条，南北 11 条。其中，除一条横街宽 55 米，其他各街均达 100 米以上，由皇城正中朱雀门到外廓城南墙正中明德门的中央大街称朱雀大街，宽达 150 米。这些大街纵横交错，呈规则的棋盘形状，如白居易的诗句所形容“百千家似围棋局，十二街如种菜畦”。外廓城被划为 108 坊，作为居民区；还设有专门的两个市，各占 2 坊之地，有 200 多种行业，规模之大，街衢市场之井然有序，为世所罕见。当时的长安规模空前，经济繁荣、文化发达、交通便利，汇聚了许多国内兄弟民族同胞和世界各地来的外国朋友、使臣、商人及留学生等，人口达 100 万，是当时世界上最大的城市之一。同时，长安城的建筑技巧、规划设计、布局方案、人力、物力的组织和管理等方面，对国内外都具有很大的影响。当时的日本就仿照兴建了他们的平城京和平安京。

武则天是中国5000年历史中第一位，也是唯一的女皇帝，她发号施令的都城同样是在黄河岸边，那就是洛阳。

相传周武王灭殷后，就把传国之宝九鼎迁到洛邑，有定都洛邑的意思。武王死后，辅佐成王的周、召二公大规模地营建洛邑，分别建了王城和周城两座。周平王东迁就坐享其成地住在王城，周敬王时又迁都周城。从东周起，洛阳先后有东汉、曹魏、西晋、北魏、隋、唐、后梁、后唐等9个朝代建都于此，故称九朝古都。

汉魏时期的洛阳故城位于今天洛阳市区东约15公里处，曾是东周、东汉、曹魏、西晋和北魏等朝代的王都或国都。该城使用时间长达1600多年，是中国历史上定都时间最长的都城。最大时面积近100平方公里，其规模不仅在中国历史上是空前的，在世界古代史上也是独一无二的。

东汉时的洛阳就以规模宏大、经济繁荣著称于世。隋唐的洛阳城尤为鼎盛。洛水贯穿的洛阳城，北岸是里城，南岸是居民区，城周围约50华里，设有丰都、大同、通远三大市场，人口达100万之多。据史书记载，当时的丰都市周围8里中就有120行、3400余店；通远市周围6里，因靠洛水和瀍水，内停泊着各地的大小船只数以万计，呈现一片繁荣景象。武则天当政时，在朝中做官的沈佺期，下朝归来，曾做《洛阳道》一诗，描述洛阳的繁华情景："九门开洛邑，双阙对河桥。白日青春道，轩裳半下朝。乘羊稚子看，拾翠美人娇。行乐归恒晚，香尘扑地遥。"

在长安、洛阳两座京城中的有为帝王及其大臣，以豪迈的气魄、开放的心态，营造起强大的隋唐王朝，开创了农耕文明时期中国封建社会的鼎盛时代。唐代大诗人杜甫诗云："忆昔开元盛世时，小邑犹藏万家室。稻米流脂粟米白，公私仓廪俱丰实。"就是对当时盛唐时情景真实描述。隋唐时期凭借强盛的国势，建立了广大的疆土，唐代版图曾东抵大海，西至咸海，南尽南海，东北至外兴安岭、库页岛一带。

在黄河畔的帝都中，还有一座特别的城市，黄河的洪水泥沙一次次地将它无情毁灭，淤为平地，它又一次次地重新站立。当西方的庞贝古城因为一次火山爆发而永久消失的时候，它却历宋、明数次毁灭而不倒，虽然历尽沧桑，仍然一身傲骨，屹立在黄河岸边，它就是开封。当今天的人们畅游开封城，登龙亭，观铁塔，拜相国寺，游清明上河园，品地道小吃时，有谁意识到，在他们的脚下，从距离现今地面10余米到3米，还一层一层，城压城、城摞城，完整地掩埋着春秋魏国大梁、北宋汴京，以及唐、金、明、清等6个朝代的都市。当我们管窥知晓大自然加诸其上的这些沉重灾难，就不能不为这座城市的坚韧和生命力而惊叹，为这种黄河文明所特有的坚韧和生命力而惊叹。

战国时期魏国的魏惠王，为称霸中原迁都大梁，也就是今天的开封，并开挖了历史上著名的鸿沟，使黄淮相通，大梁从此成为交通枢纽、商业的中心。隋唐时，开封成为南北大运河这条王朝生命运输线上的重镇。其后开封先后经历了后梁、后晋、后汉、后周、北宋等，号称七朝古都，并在北宋时达到它的鼎盛时期。

北宋时期的开封被称为东京汴梁，其城郭建筑规模宏大，有城三座：外城周50里；内城周20里，约相当于今天的开封城；皇城5里，位置在今天城北龙亭一带，是一个拥有居民20万户、人口上百万的世界大都会。在外城之外，还有许多宅园，《东京梦华录》云："大抵都城左近，皆是园圃，百里之内，并无闲地。"当时的开封被称为"四水贯都"，汴河、蔡河、五丈河、金水河交汇于此，交通十分发达，各方物资源源不断地集中于此。特别是汴河，几乎半个中国的物资都由此河运来。张择端所绘的《清明上河图》，生动描绘了当时的繁华热闹景象。由于在东京城市的东南隅，西汉的梁孝王刘武曾修建宏大奢华的梁园以招揽四方豪杰，宋人有的便以梁园比喻东京，并写下了惊叹东京繁华兴盛的有名诗句："曾经沧海难为水，除却梁园总是村。"

开封在宋代得到了空前的发展，成为全国政治、经济、文化中心，取代了自周秦以来长安、洛阳的地位。北宋的君王在这里开创了中国几千年封建史中最繁荣、活跃的一段。中国古代四大发明的三项是在宋代时被发明或开始得到广泛使用的。其中，活字印刷术是宋代发明，雕版印刷术在宋代始大量应用，火药和火器在宋代开始大规模使用，指南针在宋代开始大量装备远洋船舶。北宋时期的工商业得到迅猛发展，如熙宁十年（1077年）税赋总收入共7070万贯，其中工商税4911万贯，占到税赋总收入的70%。作为一个传统的农业大国，对大量小自耕农直接征收农业税一向是国家统治的基础，像宋代这样的情况实在是绝无仅有，宋代的岁入也远远大于其他任何一个封建王朝，年财政收入最高曾达到16000万贯文，北宋中后期的一般年份也可达8000万～9000万贯。一位北宋大臣抱怨世风奢靡时说：现在的农夫走卒居然也穿上了丝制的鞋子。难怪有的西方学者说当时一位欧洲君主的生活水平还比不上东京汴梁一个看城门的士兵的生活。威尼斯商人马可·波罗，这位来自当时西方最繁华城市的商人,来到吸收了部分宋人文明的元朝大都城,竟然感到眼花缭乱，宛如身处人间天堂。正因为如此，每当今天的人们拿河南方言开玩笑时，开封人总会幽默地回答说：大宋朝的时候，中国的官方语言就是俺们汴梁话。

夏王朝是中国的第一个王朝，也是东西方历史上的第一个国家，自夏始而经商周，历春秋战国秦汉唐宋，黄河上下三千载，傍河尽是帝王州。黄河流域在相当长的历史时期，一直是中国的决策中枢、政治中心，在这一时期，中华文明先后实现了从原始社会到奴隶社会，从奴隶社会到封建社会的两次飞跃，在黄河流域奏响了中华古代文明最辉煌的一段乐章。黄河流域对中国古代文明的发展和进步，发挥了决定性的作用。

第三节　流域经济的脉动

经济是文明发展的核心动力和基础。古人云：“仓廪实而知礼义。”在长盛不衰的文明背后，都有一个强大而持久的经济支撑。长期以来，黄河流域繁荣、发达的经济为华夏文明的长盛不衰奠定了物质基础，提供了强有力的支撑。

世界经济发展的历史表明，人类活动一直与河流休戚相关，沿着河流总会形成一系列不同规模、各具特色的工业、农业、商业中心。黄河流域是中国历史上开发最早的经济区，也是人口比较集中的区域，在相当长的一个时期内，都是中国繁荣昌盛的经济中心，为黄河流域成为当时国家的政治、文化和交通中心提供了坚实的物质基础。

5000多年的黄河流域经济发展史，大体上经过了一个兴盛—低落—兴盛的曲折过程。第一个兴盛阶段，从远古到北宋。其低落阶段，从南宋到新中国成立前800多年。第二个兴盛期，是从新中国成立开始，经过改革开放的十几年，正在重新崛起。与此相对应，北宋以前，中国的王朝大多建都在黄河流域，西安、洛阳、开封是中国著名的古都，是当时全国政治、经济、文化和交通中心。但是，大约从北宋以后（公元10世纪以后），自南宋开始，全国经济中心逐渐从黄河流域向南方转移，其中主要是转向长江流域，黄河流域人口占全国的比重也逐渐减少。特别是随着西方近代科技及工业文明的传入和海运事业的发展,我国南北和东西之间的社会经济发展差距越来越大，到新中国成立前夕，黄河流域内大部分地区都处于贫困、落后状态。新中国成立后，黄河流域才重新得到发展。

远古时期，黄河流域气候温暖湿润，大地富饶，为人类的繁衍生息提供了优越的条件。大量的考古资料证明，黄河流域是当时最先进入开发的区域，也是新石器文化最集中、最繁荣的区域，同时这里也是华夏民族传说中的先祖——炎黄二帝最早居住的地方。早在公元前5000年，仰韶文化已经在黄河中游一带形成。作为目前所知新石器时代较早的一种文化，那时的居民已过着耕作农业生活，知道使用石斧、石铲、陶刀等农具。西安半坡还有藏粟的窖穴，人们已开始豢养猪、狗等家禽家畜，陶器已是当时人们日常生活中不可缺少之物，并有彩陶出现。人类由此迈入了自己创造的第一个文明，以渔猎采取为主导的原始渔猎文明时期。黄河流域也成为世界历史上四大文明古国的发祥地之一，与两河流域、尼罗河流域、恒河流域并名，培育了光辉灿烂的古代东方文化。

夏、商、周时期，奴隶制国家的统治中心均在黄河流域。今天豫西、晋南、豫北和鲁西南部以及陕西的渭河流域，是当时全国的主要经济区。商、周时期的农业已很发达，开始人工灌溉。农作物的种类很多，养蚕和丝织业已很普遍，手工业以冶铸青铜为主，陶器制作精细，商业已开始萌芽。长期领先的开发和积累，使之成为奴隶制王朝立国的基础。发达经济的魅力，使夏、商两代虽10多次迁都，但始终没有离开黄河两岸的谷地与平原地带。

春秋时的列国和战国时的七雄，仍主要集中于最古老的经济区——黄河流域。从春秋末到战国初，铁制工具在生产中广泛得到使用，极大地推动了生产力的发展。那时的人们已经懂得复种轮作技术，有的地方“人善治之”，可以“一岁而再获之”。战国初期，黄河流域开始出现大型水利工程。魏文侯二十五年（公元前442年），在黄河的支流漳河上“发民凿十二渠，引河水灌民田”。这些黄河流域早期的大型灌溉工程，使黄河流域的农业经济得到持续发展。农业和手工业之间分工的加强，还促进了黄河流域商业的发展。周的洛阳、魏的大梁、韩的阳翟（河南禹州市）、齐的临淄（山东定陶）等大的城邑既是政治中心，又是有名的商业城市，《战国策》说“临淄之途，车轶击，人肩摩”，可见其繁华。

公元前221年秦统一了中国。这一时期，人类社会活动扩大，经济区扩展，开始打破黄河流域的原始状态。但秦汉的政治、经济中心仍集中于黄河中下游地区。西汉初铁制农具得到推广，比人力效率更高的牛耕和马耕在黄河流域中下游已很普遍，播种用的耧也已出现。同时，这一时期的黄河流域水利灌溉出现了前所未有的发展。秦兴建郑国渠，使昔日4万余顷“泽卤之地”皆为沃壤。汉王朝普修水利工程，著名的就有汉渠、光禄渠、尚书渠、汉延渠等。农业技术的改进和灌溉事业的兴旺发达，对富民强国起了难以估量的作用。今天陕西的关中、河南、山东和河北的黄河沿岸平原地区，成为当时全国最发达的农业区。中游地区“岁游关东谷四百万斛，‘以供京师’”。司马迁的评价是：“关中之地，于天下三分之一，而人众不过什三，然量起富，什居其六。”他对郑国渠修成以后的评价是：“于是关中为沃野，无凶年，秦以富强，卒益诸侯。”可以说，是经济发达的黄河流域，成为支撑秦汉统一大厦的柱石。

据文献记载，夏商至春秋战国时期，流域范围及下游两岸（即华北平原）人口有 800 万～2400 万。到了西汉时期达到 4800 万，占当时全国人口的 80%。而长江以南的广大地区，人口还不到 400 万，只占全国总人口的 6%左右。在地方政区设置上，西汉时的郡县大多集中在黄河流域。如在今天河南省的地域范围内，当时就设置了 180 个县（现河南省设置 116 个县）。而长江以南的会稽郡，其范围包括今天浙江、福建全部和江苏南部的广大地区，只设了 26 个县。从中不难看出，当时的黄河中下游地区是全国的政治、经济中心。

隋唐至北宋的 600 年，黄河流域经济达到鼎盛。伴随经济的发展、政治的稳定，由于战争及灾荒等原因，黄河流域在魏晋南北朝时期曾大幅度减少的人口，在隋开皇九年至大业二年（公元 606 年）的 20 多年时间内又迅速回升，人口从 700 万户增加到 900 万户，到盛唐时期，已恢复到 4800 万，占当时全国总人口的 60%。

从隋唐五代到北宋，在黄河流域广阔的黄土地上，以精耕细作为主要特征的农业生产获得了空前的大发展，耕地面积也不断扩大。据估计，唐玄宗时全国的耕地面积已经达到 830 万～850 万顷，北宋则达到 900 万顷上下，黄河流域田地的面积超过了历史上的任何王朝。北宋时粮食已经作为一种常见的商品大量投放市场，其他经济作物如桑、麻、药材的种植也有很大发展。作为农业文明时期的生产和交通命脉，水利一直受到历朝历代的重视。隋大兴水利，形成了以长安为中心，南达余杭，北通幽燕，西会京师的水运网，历史上所谓的“八水绕长安”则是唐代京师附近水利网的生动写照。宋代的东京汴梁是名副其实的水路交通心脏，居民人口达到百万，汴河、金水河等四大漕渠横贯全城，江、淮、河、海四大水系连通，来自日本、朝鲜、阿拉伯、南洋群岛等许多国家和地区的人们在这里经商和进行文化艺术交流。唐代商业城市很多，但大部分也都分布在黄河流域。宋代商业较前代有了更大发展，出现了草市（集市），世界上最早的纸币“交子”也在这时面世流通。宋代时手工业迅猛发展。煤炭被大量开采，开封及附近城乡上百万人口已用煤作燃料。宋代的钧瓷更赢得“家有万贯，不如钧瓷一片”的美誉。大唐盛世和北宋的繁华为农耕文明时期的中华文明提供了强大的能量，使中华文明遥遥领先于世界。

可以说，在漫长的以农业养殖为主导的农耕文明时期，黄河流域在大部分时间都成为推动华夏文明前进的主要动力源。但是，泛滥的黄河水、恶化的气候和环境、频繁的动荡和战乱，使黄河流域经济不断受到打击。黄河流域的经济发展在南宋至新中国成立前陷入了前所未有的低潮期，黄河文明也陷入低谷。

从东汉末年群雄割据开始到隋统一前，即魏晋南北朝时期的400年，是中国历史上大动荡、大分裂时期。长期的战乱，特别是十六国时各游牧民族控制了北方一带，使黄河中下游地带长期发展起来的封建农业经济，受到落后的游牧经济的严重冲击，社会经济严重衰退。这时，长江中下游地带社会环境相对安定，经济文化有了显著进步。唐末五代的战乱，再次严重地破坏了黄河流域的社会经济。北宋末年以后女真族和蒙古族入侵的严重摧残，又使黄河中下游的社会经济受到摧残。黄河的泛滥也频频给下游地区造成摧毁性的破坏，引起河流湖泊淤塞、土地沙化、盐碱化，使过去肥沃之田变成大面积的贫瘠之地，加上气候灾害更加频繁，改变了黄河流域农业生产赖以领先的条件。多重的影响，导致黄河流域经济长期处于显著衰退和低落之中。历史上“南冠无奈北风吹”的局面也止于元人灭宋。金代在黄河流域活动的一个世纪中，农业生产已落后于南方，直到灭亡，社会经济也未恢复。而同期南方却较少遭到战乱影响，而且水资源条件好。当地人民充分利用这一时机和优势，大力发展经济，使长江中下游地区开始成为全国最发达的农业基地和繁富之区。

明清时期黄河流域地理环境进一步恶化，其程度远远超过以前各代。黄河上游地区，由于垦殖规模过大，地表受到强烈的风蚀，引起大面积土地沙化。中游黄土高原地带，水土流失更为严重，大块的“塬”被分割缩小，有的“塬”甚至消失，形成千沟万壑。下游平原地带，黄河决溢频率加快，为害程度加深。自然平衡机制的破坏，加大了气候灾害的形成，大旱大涝交替发生使整个黄河流域农业的基本生产条件恶化，农业生产低落不振。经济的中心转移到南方，黄河流域则显得相对冷落。

从鸦片战争至新中国成立前的一个多世纪中，中国由封建社会一步步沦为半殖民地半封建社会，这100多年的历史是黄河流域人民的灾难史，战乱频繁，田园荒芜，民不聊生，哀鸿遍野。仅从1912年中华民国成立至1949

年，几乎年年都有战争，如1930年的军阀混战，就波及到黄河流域的甘肃、宁夏、陕西、山西、河南、山东6省(区)。

伴随着蒸汽机和电的发明，工业文明时期的到来使黄河面临着新的机遇和挑战，黄河流域在新中国成立后，摆脱了旧的生产关系束缚。流域内丰富的矿产和能源资源，为工业化时代的来临提供了充分的物质基础，也为流域经济的再次腾飞插上了飞翔的翅膀，为大河的重新崛起提供了新的动力。“CHINA”这个本来被译作“支那”、带有贬义的称呼，也因为中华民族的重新崛起，而逐渐改变了内涵，变得越来越响亮，越来越让人尊重。

新中国成立后，黄河流域农林牧业发展出现了勃勃生机。尤其是1978年以后，流域各省区兴修水利，发展农业科技，农、林、牧、渔各业兴旺。黄河流域及下游沿黄地区成为全国重要的粮、棉、油和畜产品生产基地。随着时代改革发展，流域内的工业生产得到了飞速发展。从整个流域的工业产业布局和发展情况看，目前已初步形成了产业结构齐全的民用工业和相当规模的国防工业，其中冶金、能源、机械制造和纺织等基础或龙头行业发展较快。全国8个规模巨大的炼铝基地，黄河流域内就有3个，即包头、兰州、青铜峡炼铝厂。草原钢城包头是中国最大的稀土工业基地，被誉为“稀土之乡”、中国的“稀土谷”。金昌市是中外闻名的“镍都”，白银市是著称于世的“有色城”。流域内的能源工业在全国占有更重要的位置：山西、内蒙古、宁夏、陕西、河南等省(区)是我国煤炭的主要产地，山西省正在建设成为一个能源基地，准格尔煤矿是全国最大的露天矿，神府、东胜煤田的探明储量占全国的四分之一。胜利油田是我国第二大油田，中原油田也是一个油气富集的大油田，是我国东部地区第一大型天然气基地。西安、太原、兰州、洛阳、包头、宝鸡、银川、西宁、 天水等地是我国主要机械工业的中心。纺织工业不仅有较长的历史，而今也很发达，西安、咸阳已成为纺织工业基地，呼和浩特、银川、西宁、兰州、榆次等地的毛纺或化纤工业也已形成较大规模。黄河流域内的化学工业、 食品工业、卷烟工业等也有一定的发展。特别是黄河的水力资源，号称水电的“富矿”，集中分布在黄河上游，为我国西部的经济建设提供了丰沛而洁净的电力。为西部大开发插上了腾飞的翅膀。由于国家五六十年代“三线”建设的需要，在黄河流域西南部形成了一个包括电子工业、飞机制造工业、核工业的高技术产业群。陕西曾是中国航天工业的重点投资省份之一，运载火箭和星载设备制造技术已跨入世界先进行列，并具有卫星通讯转发系统、卫星遥感系统及卫星地面控制系统等多方面的设计、制造能力。中国唯一的飞机试飞中心和中国最大的航空机轮模拟试验中心也设在陕西。甘肃酒泉卫星发射基地是中国第一颗人造卫星的发射地。1970 年 4 月 24 日，被誉为“中华第一星”的东方红一号在这里发射成功。山西太原卫星发射中心则是中国第一个载人航天器——“神州号”宇宙飞船发射升空的地方。

今天，流域经济发展再一次充满了希望和潜力，黄河文明也重新焕发了青春，历史之传承，现代之发扬，都在那奔涌的河水中、萌醒的土地上茁壮成长。

第四节　中华治水重一河

一部《二十五史》，是中华民族数千年光辉历史的权威总集，其中《史记》有《河渠书》，《汉书》有《沟洫志》，《宋史》、《金史》、《元史》、《明史》和《清史稿》均有《河渠志》。《二十五史》中的河渠书志，都是记载当时治水的专篇，其中绝大部分内容属于黄河或与黄河有关。历代的治河论述也极为丰富，虽然历经战乱、变迁，大量散失，留存到现在的仍然有 500 多种，其数量之多，是其他江河所无法比拟的。

千百年来，治黄事业一直是我国治水史上的重中之重。起自先秦、两汉，中历魏晋南北朝，下迄唐宋元明清，历朝历代都十分重视对黄河的治理。国家统一、太平盛世是如此，诸侯鼎立、藩镇割据的分裂时期也很少间断。这种情况在其他江河也是没有的。

黄河无小事，在管理体制上，自古以来，治河事务均由中央政府直接管理。我国古代的水官是百宫中设置较早的官吏，具有相当高的地位和管理权限。在封建社会相当长的时期内，河防大臣享有直入紫禁城奏议的特权。传说舜帝时就曾任命禹为司空平治水土，这应是我国最早的水利官职。夏、商、周时期国家已设“司空”之职专门管理治河事宜。东汉时开始设立专职治河官员，唐设水部专司治河，并颁有《水部式》；宋代治河机构逐渐扩大，金设“巡河官，州县令皆提举河防事”，元设“都水监”，工部尚书为“总治河防使”，官阶二品。明、清时设立了跨行政区域和按水系管理的河道总督，总领协调指挥治河事宜。近代民国时期成立了直属于当时国民政府的黄河水利委员会，统一掌管黄河及渭、洛河等支流水利、防洪、施工事务。中华人民共和国成立后，沿用黄河水利委员会的名称，专司治河。

据世界有关文献和传说，在人类文明的初始阶段，出现过全球范围的大洪水，并造成了灾难性的后果。而在全世界范围内的记载中，唯有中国的记载是以人类制服洪水为结局的，这就是传说中的大禹治水。据说大禹一心治河，居外十三年，四过家门而不入，《韩非子》描述他“股无完肤，胫不生毛，虽臣虏之劳，不苦与此矣”。经过十几年的努力，禹终于率领民众，使河水“大小相引，高下相受，百川顺流，各归其所”。而禹也因为治河积累了巨大的威望和实力，从而成为舜的继承人。

黄河以其特殊的历史地位以及政治、经济和军事原因，为历代所重视，黄河的治理状况，尤为历朝历代的统治者所关注。

两汉期间，黄河在国家统一的大局势下有了一个比较好的治理环境，统治者对治河也比较重视。西汉时黄河下游沿河各郡都设有负责岁修堤防工程的官兵，每郡数千人之多，超过了现在黄河下游专职从事修防工作人员的数目。每年用于伐买薪石等防洪抢险料物的经费多达数千万。汉武帝时曾发卒数万人塞治黄河瓠子决口，并亲临堵口现场，他还命令自将军以下的随从人员都要背柴负土，上工运料，参加堵口工程。由于汉武帝的重视和在场全体人员的努力，终于使为患20多年的决河得到平息。汉武帝也成为治黄历史上第一位深入第一线的皇帝。

北宋期间，黄河河道变迁十分剧烈，决、溢、徙都创造了有史以来的新纪录。由于北宋的京城处于黄河下游，河患与统治者的利害关系紧密相连，宋王朝对黄河的治理相当重视，北宋时期就像今日黄河下游的岁修工程一样，定例每年春季的3个月整修河防，以备水决。有宋一代，上至皇帝，下到朝廷重臣，许多人都卷入了治河的争论，提出过不少治河意见。朝廷还专门发诏，提倡全国各阶层人士关心黄河的治理，积极提出自己的治河之策。宋太祖得知一个名叫田告的山东人著有《禹元经》12篇，便将这个人召至京都，当面问他治水方策，并准备授他为官，他不愿意接受，就介绍他到河决的地方去督工治河。

明清时期中国的经济中心已经转移到江淮地区，但治黄仍然是国家大事，关乎国家朝政内部政治、经济的平衡和统一。在位数十年、成就辉煌帝业的清康熙大帝，登基亲政初始，在殿堂立柱之上，便书写了自己开朝治国的三件大事：三藩、河事、漕运，其中两件与黄河有关，可见当时治黄的重要性。他还亲自巡视黄河，钻研水利理论，进行广泛的实地调研，乘船考察下游，视察中游，派人探寻河源，以期找出治河良策。

黄河情系中南海，中华人民共和国成立后，新中国的政府和领导人对黄河倾注了巨大的关注。黄河安危，事关大局，治黄事业一直在我国社会主义建设中占据着举足轻重的地位。

毛泽东，这个发出“秦皇汉武，略输文采，唐宗宋祖，稍逊风骚，一代天骄，成吉思汗，只识弯弓射大雕，具往矣，数风流人物，还看今朝”的伟人，面对黄河，他说的是：我们可以藐视任何事，但决不能藐视黄河，因为藐视黄河，就是藐视我们这个民族。毛主席1952年第一次出京视察，就亲临黄河，发出了“要把黄河的事情办好”的伟大号召。年逾七十的他，还提出要请一位地质学家、一位历史学家和一位文学家为伴，徒步策马，从黄河入海口上溯黄河源，进行实地考察。新中国刚成立，百废待兴，在国家财政极其困难的情况下，中央就拨出8500万公斤小米作为治黄专项经费。1950年，中央批给黄河的工程费，占到了全国水利建设费用的四分之一。中华人民共和国的第一任总理周恩来，有一句亲切而坚定有力的话：“黄河的事情我挂帅。”无论在战争年代，还是社会主义建设时期，他对治黄事业都倾注了大量心血。他亲自领导了1946年与国民党进行的黄河堵口复堤谈判，新中国成立后，从制定黄河第一个综合治理开发规划，抗击1958年大洪水，到建设三门峡，周总理都亲自挂帅、亲临指导。近些年来，几代国家领导人都十分重视治黄事业的发展变化，在各个方面都给予了相当大的关注和支持，使黄河的治理开发掀起新的高潮。

第三章 人类的权杖

伴随着人类的成长，对自然界的改造能力越来越强大。为了满足自身不断增长的需求和欲望，人类在大地和山水之间，刻下了越来越深的印记，越来越深刻地改变了自然界。千百年来，人类带给自然的，更多的是破坏。回望历史，人类的改造总具有浓浓的自发性和排他性，我们不能不承认，文明的代价太过沉重。这不能不让我们想起恩格斯的一句话：“我们不要过分陶醉于我们对自然界的胜利，对于每一次这样的胜利，自然界都报复了我们。”这种盲目以自我满足为中心的改造活动，换取的是自然界对人类的报复。

人类对自然界的影响力和破坏力，集中表现在对河流形态、生物环境、地理环境的改变上。

第一节 大河上下尽改颜

人类对黄河的改造是多重的。黄河是雄浑激荡的，它以强大的生命力，养育了龙的传人，铸就了华夏民族之魂，滋养了中华民族的文明之树。黄河是桀骜不驯的，面对它的狂野，人类依靠堤防和库坝束缚了它的行动，使它变得驯服。但人类毫无节制的过度索取，使得这条汤汤大河渐渐失色。超量引水衰竭了它的躯体，日益严重的污染恶化了它的体质。

黄河在漫长的历史时期，便在北抵天津、南达江淮的广大区域内自由游荡，泛滥的洪水成为人类不得不面对的巨大威胁。当人类历史的车轮进入到农耕文明时代，随着铁器的发明和广泛使用，堤防成为人类治理黄河的有力武器。堤防的出现改变了黄河的空间形态，使黄河自此被约束在容量有限的河槽内，改变了原来自由游荡的自然特性。春秋时期黄河下游已经开始修筑堤防，至战国时，两岸堤防上下多连贯在一起，以后历朝历代都进行了黄河堤防的修筑。新中国成立以来，在短短几十年间，就四次全面加高加固了黄河下游长达1400多公里的堤防，并修建了河道整治工程。今日的黄河大堤，绵延千里，号称水上长城。

随着工业文明时代的来临，人类拥有了电力和机械力，第一次发出了人定胜天的吼声。人类在黄河上修筑了巨大的由钢筋混凝土筑成的水库，不仅在空间上，而且在时间上，第一次具有了改变黄河形态的能力。

水库的横空出世大大提高了人类的调控能力，实现了人类对黄河水在空间和时间上进行再分配的意愿。人们通过拦河兴建的库坝，将河水拦蓄起来，根据自己的需要来控制引流、下泄流量。黄河流域内共建成大、中、小型水库 3147 座，总库容 574 亿立方米。已经接近黄河的年均径流量。人类通过库坝建设，已经控制了黄河上 90%以上的径流区。节节蓄水的大坝身后，是一个又一个碧波荡漾的高峡平湖，更是人类在“水银行”里的可以随用随支的储蓄金。以前的黄河径流量存在年内分配不均、年际变化大等自然特性，现在人类按照自己的需求对黄河水资源进行人工配置和调节，也使之趋于平衡。从黄河水和沙的时间分布上看。在龙羊峡水库修建前，黄河汛期水量占 60%以上，非汛期水量占 40%以下，上中游河段修建大中型水库以后，调节了径流分配，汛期水量占 40%，非汛期水量占 60%。黄河上兴建的提引水工程达到 3.36 万处，全河干流设计引水能力更是超过了 6000 立方米每秒，已经远远超过了黄河的实际流量。人类手中，真的拥有了收放自如的“乾坤袋”。向青岛、天津等地跨流域调水以满足当地的生产生活需要，也从设想变成现实。至今已成功实施十多次。

人类的力量第一次使黄河失色，但这次，黄河失去的是暴虐之色。人类使黄河在某种意义上成为了一条能够控制的人工河流。

然而，伴随着工业文明的盛宴，在对自我力量的狂喜中，人类对自然的过度开发呈现无节制增长的趋势。黄河断流和水资源污染问题随着流域经济社会的发展日趋尖锐，成为不同以往的新特点。

古诗中“白日依山尽，黄河入海流”的景象，是何等壮阔、何等抒情。然而，由于沿黄用水的不断增加，超过了黄河的可供水量，黄河 20 世纪 70 年代以来出现断流，并呈不断恶化的趋势，使黄河的形态发生进一步改变，进而危及到河流的自然生命。万古长流的黄河，从滔滔大水变成涓涓细流，甚至只留下龟裂的河床。从 1972 年到 1998 年的 27 年中，黄河下游利津水文站有 21 年发生断流，累计断流 1050 天，断流年份年均断流 50 天，断流延伸到河南境内有 5 年。1997 年，黄河 2 月 7 日开始断流，断流河段上延最远至河南开封柳园口，长约 780 公里，这是黄河历史上第一次在汛期出现的断流。这一年利津水文站全年断流共计 226 天，占全年天数的 62%。人们惊呼：母亲河要变成内陆河了！那一年，我们国家的 163 位院士集体签名呼吁：行动起来，拯救黄河！

黄河断流造成部分地区无水可供、河道主河槽淤积加重、洪水威胁和防洪难度增加、河口地区生态环境恶化和生物多样性减少，严重制约了经济、社会、环境的协调发展。山东省共有耕地9000万亩，三分之一离不开黄河水灌溉。1992年持续两个多月的断流，使山东滨州、东营两地4000多万亩农田无法播种，500万亩夏苗干枯死亡。在下游的油田地区，每向油田注入1吨水，就可以换来1吨油。1996年的断流使胜利油田无水可用，大量油田被迫关闭，仅上半年直接经济损失就高达3亿元。在工矿企业密集的青岛和烟台，黄河断流一天，经济损失即以百万元计。黄河断流还进一步加剧了黄河主河槽的淤积问题。20世纪70年代以来，在黄河局部河段出现了“槽高、滩低、堤根洼”现象，治黄专家们称之为“二级悬河”。悬河之上有悬河，这更加剧了黄河防洪的难度。

黄河断流，既有自然因素，也有人为因素。黄河多年平均天然径流量为580亿立方米，流域水资源本就不足，而20世纪后期来水持续偏枯，年均径流量仅为380亿立方米。而同期沿岸用水一直在急剧增加。下游地区年均耗水量较20世纪50年代增加了5倍，上游五省（区）被分配可用的185亿立方米黄河水资源实际已耗去150亿立方米。自然状态下，黄河非汛期来水量仅占全年的40%，现实中引水已占到全年的60%，黄河非汛期的实际需水量早已经超过自然状态下的可供水量。目前，黄河流域内水资源的开发利用率已高达70%，远远超过国际上公认的40%的警戒线，输沙等水生态用水被大量挤占，突破生态良性维持的极限。黄河的健康生命已然受到威胁，黄河已经具有实际意义上的“季节河”特征。昔日的滔滔大河，一时之间，变得如此虚弱。黄河水利委员会对黄河水资源实行统一管理和水量统一调度后，实现了连续大旱之年不断流，但是，目前还只能保证黄河利津水文站30个流量的不断流标准，黄河功能性断流的危机仍然存在。

工业革命带来了现代化大工业，带来了有机农业向无机农业的发展，带来了城市的扩大和人口的大量增加，带来了经济社会的飞速发展，人类生活质量的大大提高和财富的倍数增加，但也带来了污染等负面影响。富含各类金属、化学物质的工业废污水，含有农药、化肥等有害物质的农业退水，以及大量增加的人居生活废水，在人类发展经济的盲动中，未经处理就直接排入黄河，改变了黄河的水质，也进一步削弱了河流的生命力，进而危及到人类自身的健康和生存。由于黄河流域冶炼、能源、重化工、制造业比较集中，重污染企业比较多，加上生产技术落后，原材料消耗大，废水处理率远低于全国平均水平，因此工业污染问题最为严重，是黄河水污染的罪魁祸首。农药化肥残留污染和人类生活污水也是黄河水质的重要污染源，并呈一年比一年严重的趋势。

有一组数据可以说明黄河的污染问题。黄河干支流的许多河段，特别是中上游河段，自20世纪70年代起，水源污染就已经很重了。1979年黄河每天接纳的废污水总量是490万吨，年总量为18亿吨。从来源看，沿黄河日排废污水量大于5万吨的城市有16个，包括兰州、包头等新兴工业城市，他们排放的污水占废污水总量的82%。到90年代初，进入黄河的废污水年排放量达42亿吨，比70年代增加了130%，与80年代初相比增加了一倍。大量未经处理或未达标排放的废污水进入黄河，使水质呈急剧恶化之势。国家环保局1997年发布的《中国环境状况公报》表明，黄河污染（Ⅳ类及劣于Ⅳ类水质）河长占评价河长的比例已居全国7大江河的第2位。据1998年水质监测结果，在黄河干流及主要支流重点河段7247公里的评价河长中，符合国家地面水Ⅱ、Ⅲ类标准水质的河长仅占29.2%，Ⅳ类水质河长占36.9%，Ⅴ类及劣于Ⅴ类水质河长占33.8%。按照国家标准，超Ⅴ类水已经失去了水体使用功能，主要适用于农业用水区及一般景观要求的水域，超Ⅴ类是人体不能直接接触的水。与1985年相比，Ⅳ类、Ⅴ类及劣于Ⅴ类水质河长比例增加了39.6%，而相应满足生活饮用水源水质的河长所占比例则减少很多。2000年水质监测结果与1985年相比，Ⅳ类、Ⅴ类及劣于Ⅴ类水质河长比例增加了30.4%。

黄河上游河段地区内蒙古巴彦淖尔盟的乌梁素海，面积约40多万亩，是黄河流域最大的淡水湖。湿地号称"地球之肺"，而乌梁素海也是世界范围内半荒漠地区极为少见的大型多功能湿地区。20世纪70年代，这里还是海天一色、鸭凫鸥翔的清澈之湖、鸟类家园，到80年代末，由于大量工业污水和带有化肥、农药残留的农业废水的涌入，已成为典型的富营养化环境，臭气弥漫，死水微澜。我们不得不承认，又一个曾经美丽的地球之肺失去了它的呼吸功能。

更为严重的是，污染的严重程度已从支流发展到干流，从原来上游的兰州、包头河段蔓延到了中下游。黄河干流是沿黄城镇的主要水源，由于水质污染，使得以黄河为水源的兰州、白银、包头、三门峡、郑州、新乡、开封、濮阳、济南等10多座大中城市用水受到很大影响。1999年初，黄河潼关以下河段发生了历史上范围最大、程度最重、持续时间最长的严重水污染，造成了一些城市供水困难，给人民的生产和生活带来严重威胁。水质恶化不仅直接影响人民生活和身体健康，而且大大加剧了水资源的紧缺程度。今天的黄河下游，河道中流淌的全部是Ⅴ类以上的深度污染水。母亲河的乳汁已经被病菌感染，难以再哺育自己的儿女。

第二节 黄土迷离地失血

黄土高原和下游的黄河冲积平原，覆盖着深厚的黄土，具有较好的成土母质。黄土表面构造团粒细微，组织均匀疏松。历史上良好的森林植被增加了土地表层的腐殖质，使黄土具有较高的肥力，成为中华文明的发源地。正因如此，若干年前，面对黄土高原的水土流失，美国的一位科学家发出这样的惊呼：中国面临着动脉大失血！这句话也深深地震惊了这片土地上的主人。回首几千年来的土地开发史，人类蓦然发现，我们对大地索取得太多，给予得太少。

黄河的中下游，是黄河儿女的诞生地。在人类社会的早期，这里的气温、降水、土壤、植被等，都适宜于人类的生存繁衍和劳动作息。那时候，地理环境对人类社会生产起着第一位的决定作用，所以黄河流域是当时最先进入开发，并长期保持领先发展的区域。黄河儿女利用这种优越的自然条件，在黄河流域的历史舞台上演出了一系列威武雄壮的话剧，创造出辉煌的黄河文明，为中华文明的形成和发展作出了重大贡献。然而，随着人类步入农耕文明，随着生产力的提高，生产方式的改变，人口的不断增加，城镇的出现，垦荒、伐木等活动的范围和力度不断增大，越来越强烈地改变着黄河流域的植被状况和地理环境，造成天然植被的破坏，生态环境的失衡，土壤的侵蚀，地表土的流失，不仅给母亲河留下累累的伤痕，也给自己带来巨大的灾难，极大地限制了社会经济的发展。其恶果则首先在生态环境相对脆弱的黄土高原地区显露出来。

植被是决定黄土高原的土壤侵蚀强度的主要因素，在有良好植被覆盖下，坡度、降雨强度等因素对土壤侵蚀的影响非常轻微，或者没有影响。在气候条件基本不变的情况下，植被则决定于人类对黄土高原的土地利用方式和规模。有专家通过研究分析黄河输沙量在陕县的历史变迁，发现了植被、人类活动和水土流失之间的相互作用关系：在距今8000～3600年原始农业阶段，农具以石器为主，人口稀少，植被良好，当时黄河输沙量也极少，每年约0.5亿吨，约为现在长江流域的1倍。在距今3600～2600年，即从商朝至春秋中期的粗放农业阶段，农具较以前进步，已开始使用青铜器和铁的工具，人口也较前一阶段有所增加，农田有所扩大，植被开始受到破坏，黄河输沙量约为每年1亿吨。在距今2600年至公元900年，即春秋中期到唐代末年的半农半牧阶段。农垦范围扩大，植被受到较大破坏，但大部分时期，土地利用以半农半牧为主，黄河输沙量约为每年 2 亿吨。在公元 900 年到 1938 年的大规模农耕阶段，黄河输沙量猛增至每年 6 亿 ~ 16 亿吨。

不难发现，不同的生产方式对这一地区的生态植被具有不同的影响。传统耕作制的种植业，因为需要平整、翻耕土地，往往对地面原来存在的林草进行砍伐，从而造成地表的裸露，一旦天降暴雨，就会使黄土遭到严重侵蚀，从而加速了水土流失。逐水草而居的游牧业相对而言有利于当地植被的自我恢复。

我国水利专家常说：黄河的突出矛盾是泥沙过多，泥沙不治，河无宁日。另外一项研究结果发现，从秦、汉到唐代，农业民族与游牧民族在黄土高原上互有进退。一般而言，牧业的比重增大，农业的比重减少，就会使植被得到一定的恢复，黄河下游的决口、泛滥次数也会减少，反之则会增加。在唐以后，农耕生产方式完全占据主导地位以后，人口要素的放大作用则日益明显起来，垦殖人口的多寡，影响了植被破坏程度的大小。

秦汉时期，数次大规模的向高原北部、西部移边“实边”。大量的移民开垦黄土高原土地，开发了该地的农业生产，也造成了天然林木的过量砍伐。秦汉时期当时每百年有记载泛滥次数是 5.7。到了东汉、魏晋南北朝时期，尤其魏晋南北朝、十六国时期，当这些游牧民族建立的国家控制黄土高原的时候，对黄土高原土地的开发改为以畜牧为主，都发生弃耕还牧、大量耕地被废弃的情况。这一时期的草原牧区向内地推进，使黄河中游的植被得到很大程度的恢复，较有效地遏制了黄土高原的冲刷和侵蚀，使黄河泥沙量减少。同期黄河每百年有记载泛滥次数降到 1.3。

随着明清时期大规模的开垦耕作，黄河每百年有记载泛滥次数再次上升到 37.5，近代竟达到 57.5。明清时期，陕北地区普遍存在“折亩”问题。也就是指耕种山坡地，由于土地瘠贫，数亩不抵平地一亩，因此在缴纳赋税时，折亩计算。有 5~6 亩折一亩，多者还有 8 亩折一亩。折亩问题也从一个方面反映了当时陕北地区对坡地开垦的广泛程度。由于坡地缺乏植被保护，更容易发生水土流失，植被恢复也更为困难。而且明清时期黄土高原的土地利用采取轮种制。这种轮种，实际上是对土地的破坏性的利用，因为所轮种的土地，都是在坡地上，植被刚一恢复，又被开垦耕种，势必加剧土壤侵蚀。到明代时，即使位于黄土高原西部的靖远县，能开垦的土地也几乎都被开垦了。而这种掠夺性的土地开发，进一步加剧了黄土高原地区的水土流失。

在这种生产方式影响的背后，人口增加的巨大放大作用不容忽视。人类为了生存的需要，除加强深耕细作之外，便是无限制地向山区和草原挺进，拼命地开垦荒地，以便增加粮食产量。于是农田的范围不断扩大，森林和草原的面积不断缩小，对土地植被的破坏也越来越严重。在生产力、生产方式稳定的情况下，人类就在这种螺旋式的开发中，钻入了人与自然不两立的牛角尖。

中国唐时人口在8000万到9000万之间，其中北方就有4000万，北宋则达到了1亿，在南宋与金对峙时期，中国的人口总数可能已突破1.2亿，经过元代一段时间人口的下降后，到明万历二十八年(1600年)估计达到1.97亿，至道光三十年(1850年)更激增至4.3亿。为了维持如此庞大人口的生存，在小农经济占统治地位的时代，就只能拼命垦荒种地，发展粮食生产。如明政府大力提倡屯田，下令“天下兵工邻近闲旷之地，皆分亩为屯”。在陕北和晋北地区，还为驻守军卒分配具体的开荒数字。军民于是争相锄山为田，林草覆盖的山地丘陵都被辟为农田。据明人的记载，当时自永宁(今山西离石)至延、绥途中，“即山之悬崖峭壁，无尺寸不耕”。清代是黄河中游和黄土高原地区人口大发展时期。乾隆初期，人口已超过历史上最多时期的数字。到乾隆后期，人口更是超过历史上最多时期的两倍。至嘉庆二十五年，整个黄河中游地区人口达260万～270万，其中丘陵沟壑区人口密度达每平方公里47人以上，有的地区高达200～300人，某些地区已出现人满为患的问题。清政府起初为防止蒙汉人民联合反抗其统治，明令禁止汉民进入蒙古地界开荒种地，后来却又允许蒙古王公贵族招徕汉民为其种地，到了晚清迫于人口压力，同时也为了增加政府的财政收入，甚至鼓励汉民到蒙古草原包种土地。历清一代，黄土高原东北部的不少草原被开垦，变成了农田。

历史上城镇的发展，进一步加大了对植被的破坏力度，加速了水土流失。城镇聚落对环境的影响，对森林的危害，主要表现在城镇聚落的居民砍伐树木用做建筑材料，以及以木材为燃料的能源消费方式。

唐代以前，城镇聚落主要沿河谷川地或在黄土塬上分布，并没有达到普遍分布，而且城镇聚落的密度较小，因此对自然植被的破坏还是局部的。但是随着城市规模的扩大和人口的增加，对植被与环境影响与破坏的范围逐渐增大。而且从秦汉开始，历代统治者无不大肆砍伐林木营建都城、宫室、陵基、寺庙宫观、高第豪宅，再加上万里长城和河防工程的多次修建也都耗费大量的材木。这种对大自然长期无节制地索取，对土地资源的不合理开发，更使黄土地上的天然植被遭到惨重地破坏。所谓“六王毕，四海一，蜀山兀，阿房出，覆压三百余里”，宫殿何其巍峨，森林也何其惨惨。

隋唐都大规模营建长安和洛阳，大量砍伐森林以取巨木。再加上大量的粮食和薪炭需求，从而使黄河中游西至陇山、岐山，东至吕梁山，北起横山，南至豫西山地的广大范围内的森林都遭到破坏。宋代供应开封的木材在黄土高原地区主要采伐于吕梁山区和渭河上游的陇山地区。北宋时期，渭河上游今天水以西以北地区的山地是重要的采伐木材之地。北宋初年，每年要在现在天水以西的武山县及周围地区伐大木万株以上，竟使都城开封的良材堆积如山。黄土高原还是北宋时期供应都城开封薪炭的重要地区。据《宋文·食货志》记载，仅北宋治平二年（1065 年）这一年中，由河南西北部、陕西和吕梁山地区顺黄河而下运送的薪炭“薪以斤计一千七百一十三万，炭以秤计一百万”。这些薪炭和木炭要砍伐大量的乔木和灌木。只这一年就砍伐如此之多，更何况每年都要砍伐，因此北宋时期对黄土高原天然植被的破坏达到严重程度，是可想而知的。唐宋以后的金元时期，黄土高原的植被继续遭到破坏。金代把开封作为“南京”，并在此大兴土木，“大发河东、陕西材木”（《金史·食货志》）。引文中的河东即吕梁山地区。在黄土高原地区，宋代以后，城镇聚落的数量就有较大的增加，北宋时期仅宋仁宗庆历年间，为了防御西夏的进犯，就兴起 200 多个堡寨。但主要还是沿河谷川地及黄土高原分布，然而到明清以后及现代，聚落的分布已远离重要的河谷川地扩散到丘陵和山地。除了一些山地，其他绝大部分地区都处于城镇与聚落的影响范围内，从而加快了对植被与环境的破坏。

远古时代的黄土高原，天然植被的覆盖面虽然不及长江流域，但确实存在着不少森林和草原，特别是一些盆地、河谷以及自然条件较好的山地丘陵地带，植被的覆盖率要远远超过今日的数倍。据著名气象学家竺可桢的研究，从仰韶文化时期到殷墟时期，中国境内大部分地区的年平均温度比现在要高出 2 摄氏度左右，冬季 1 月的平均温度比现在高出 3 ~ 5 摄氏度。近年有学者经研究进一步指出，在仰韶温暖期，华北与黄河中下游地区平均温度比现在高出 2 ~ 3 摄氏度，冬季 1 月的平均温度比现在高出 3 ~ 5 摄氏度。加之当时青藏高原的隆起程度没有现在高峻，西北内陆干旱化的程度没有现在严重，天然森林和草原的分布面积要比现在广阔得多，干旱沙漠与荒漠面积也远比今日要小。有研究者甚至认为，西周时期黄土高原森林覆盖面积达到总面积的 50%以上，秦汉南北朝时期黄土高原森林面积也在 25 万平方公里以上，占黄土高原总面积的 43%，唐宋时期和明清时期黄土高原森林面积才分别减少到 20 万 ~ 8 万平方公里，但仍然分别占到 34%和 14%。当历史的脚步走到了 20 世纪，人们面临的现实是：黄土高原地区已基本不存在原始天然森林植被，较大的子午岭、六盘山两个次生林区，面积也仅有 2.34 万平方公里。新中国成立前，黄土高原森林面积衰减到仅占总面积的 6%。新中国成立后，经过综合治理，种树种草，目前黄土高原森林面积包括次生资源和人工林，已上升到 13.4%，但水土流失情况仍然十分严重。

尽管对黄土高原历史时期植被面积的研究成果仍然存在很大争议。但比较一致的观点都认为：自然和人为因素综合作用的结果，导致天然森林、草原植被不断毁坏，数量骤减。但在唐宋以前，由自然原因引起的植被变化是植被变化的主要原因，而宋代以后，由自然原因引起的植被变化表现得不明显，被人类大规模的垦殖活动所造成的对植被破坏与地表土壤扰动掩盖。

人类也为此受到大自然越来越强烈的惩罚。由于历朝历代对黄河中下游生态环境的破坏基本上呈现一代比一代严重的趋势，从而逐渐改变了整个区域的自然生态面貌。

由于森林资源的锐减和草原的萎缩，土地丧失了涵养水源的功能，从而引起湖泊的干涸和缩小，沼泽湿地的减少，生态平衡的自我调节功能衰减，降低了空气湿度，改变了局部的水分循环，减少了成雨条件，使区域内气候严重趋于旱化，旱灾频繁发生。以山西为例，从山西中部的一些地方志记载来看，古代的山西很少发生旱灾，在隋大业十四年(公元 618 年)以前，平均 144 年才出现一次旱灾，但是到了元代却发展到每 34 年发生一次旱灾，明清又发展到每 5 年一次，到民国更发展到十年九旱的地步，这其中固然有地球气候变化的原因，但这种区域内气候的旱化因素也不能忽视。

由于天然植被的严重破坏，特别是经农耕翻土，草根也被铲除，下层沙土裸露，经日晒之后干裂，遇风吹扬，导致黄河流域的土地荒漠化的速度加快，使农田、牧场、城镇、村庄、交通道路和水利设施受到严重威胁。现今河套西北乌兰布和沙漠北部，西汉时原是边地垦区，建有三座城镇，由于当地植被垦殖破坏，东汉以后逐渐沙化，三座城镇也渐为流沙所埋，到北宋太平兴国六年（公元 981 年）王延德出使高昌经过此地，已是“沙深三尺，马不能行”。目前我国土地沙漠化仍在以 1.56 万平方公里的速度在蔓延，草原的退化率在 80 年代上升到 30%以上，全国严重退化的草地已占现有草地的三分之一。黄河流域则是其中的重灾区。

由于黄土高原失去植被保护，地表径流的侵蚀冲刷重心加重，水土流失不断加剧，土地肥力日趋下降，黄河泥沙日益增加。

发源于子午岭的泾河支流马莲河，由于子午岭森林植被的破坏而充满了泥沙，在秦汉时易名为“泥水”。泾河也变得混浊不堪，有了“泾水一石，其泥数斗”之谣。在黄河中游的秦岭地区，由于秦岭北坡的植被遭到严重破坏，洪峰季节，泥沙俱下，境内的下游渠堰尽皆湮废。6 世纪时《水经注》记载的渭河中下游 26 处池、泽、陂、曲、泉，到了清末已经悉数淤为平地，连渭河河道也在不断北移。“泾渭分明”这句成语概因泾水浑而渭水清，两水交汇，清浊分明。晚唐诗人李频描写当年渭河水流清澈、千帆竞过的景色：“秦地有吴舟，千樯渭曲头。人当反照立，水澈故乡流。”现在的渭河早已难分清黄，成了小黄河了。

今天黄土高原地区水土流失面积已占到该区总面积的七成以上。在丘陵沟壑区，长 1 公里以上的沟道就有 30 多万条。千沟万壑从荒山秃岭冲走大量的泥土，使黄河母亲河挟带的泥沙日趋增多，达到 16 亿吨。如果把这 16 亿吨泥沙，堆成高、宽各 1 米的土堤，其长度将是地球到月球距离的 3 倍，可以绕地球赤道 27 圈。这 16 亿吨泥沙，含氮、磷、钾总量达 3000 万吨。有机肥的大量流失，不可避免地导致土地贫瘠，而大量泥沙的淤积，又必然大大降低湖泊和水库蓄滞洪水的能力，并抬高下游河床，诱发河道的迁移和严重的洪灾，使黄河决溢频率加快，为害程度加深，下游洪水威胁加重。

第三节　不尽物种空逝去

自然界的生物物种包括动物物种和植物物种。面对缺乏自制的人类，力之所及，不能自由移动的植物和能够自由移动的动物，都难免减少、消逝的命运。人类在不知不觉中，将自己与自然界孤立、对立起来。曾经的鸟语花香，曾经的飞禽走兽，曾经的莽原密林，都在人类不知疲倦、不知节制的开发中渐渐远去。

首先遭到侵犯的是森林和草地。

森林是陆地生态中最富有代表性的绿色植被。它是动植物的生息地和避难所，是土地的保护神，是净化空气、调节区域气候的平衡器。因此，有人称森林为自然界中最伟大的绿色之主。史前时期的人类，也曾经全面依赖森林的养育，因此古籍中才留下“构木为巢”、“钻木取火”的记载。

从反映植被状况的孢粉分析资料和其他的有关资料来看，华北与黄土高原的大部分地区以及山东半岛，为暖温带、亚热带气候，曾经有广泛的森林和草原分布。其中，黄土高原的陇西等地为温暖带针、阔叶混交林区，燕山与京津唐平原、河北平原，山东半岛、黄土高原中北部也为暖温带阔、针叶林区，但含有多少不等的一些亚热带植物种属，黄土高原东南部平原、华北平原中南部及苏北淮海平原为亚热带落叶阔叶与常绿阔叶混交林区，内蒙古高原东部与鄂尔多斯高原则是暖温带稀树草原区。从先秦到秦汉，黄河流域还存在着大片的森林和草原。

在山东地区，从大汶口、龙山等新石器遗址出土的木炭和木结构房屋以及当时狩猎对象鹿的存在，也反映出当时森林、草原和沼泽的存在。有学者分析推算，在公元前5000年前后，以现在的行政区划为准，山东的森林覆盖面积大约是7万平方公里，覆盖率为46%，其余为草原和沼泽。

经过两三千年的不断破坏，黄河流域的生态环境日渐恶化，大片的森林和草原从黄土地上消失。

在生态环境脆弱的黄土高原地区，人类对自然的破坏触目惊心，自不待言。司马迁在《史记》中曾描述“百里不贩樵”，也就是说，人们没有必要到很远的地方去砍伐薪柴，早已不复存在，曾经林木葱郁、禽兽众多的上林苑，汉武帝时周边达150公里，如今难觅其影。长城沿线茂盛的乔木和灌木也早被砍伐一光。如今的黄土高原，童山秃岭，千沟万壑，满目苍夷。

农业发达较早的山东，到秦汉时，广大平原已是阡陌纵横，邹、鲁之地已“无林泽之饶”，梁、宋之地也“无山川之饶”，不仅“百姓苦乏材木”，就连王公贵族也难以就近找到他们所需要的巨木。经历代的继续耕殖，至清代农田垦辟达到高峰，许多地方已出现“无土不垦”和“有山无木”的童秃景象。到1949年以前，山东仅剩残林450万亩，而且还多是胶东地区的赤松次生林。

自山东溯河而上，黄河两岸的情况皆与此大同小异。如黄河上游的贺兰山，据唐人的记载，山上多树木。西夏定都兴庆府，把它当做皇家苑林，驻重兵5万，并大兴土木以筑城池，使东山坡下的原始森林遭到破坏。后经历代采伐，到明万历末年，东山坡下的森林已被伐尽。黄河上游的甘肃，原先覆盖着大片的森林和草原，曾是许多西北民族的游牧地。特别是河西走廊上的祁连山，西起新疆，东至甘肃的1200多公里地带，深山密谷森林遍布，山谷坡地青草依依，一度成为匈奴生生不息的乐土。因此，当霍去病夺取河西，把匈奴人赶出河西后，他们竟情不自禁地唱出了悲伤的歌：“失我祁连山，使我六畜不蕃息。失我焉支山，使我嫁妇无颜色！”祁连山之外，子午岭、六盘山等地也有大片森林。秦汉王朝开始向陇东及河西走廊移民屯垦，变牧为农，并修建长城，当时黄土高原的塬面、陇南的河谷以及河西走廊的绿洲便开始遭到大规模破坏。后经历代的不断砍伐耕垦，到清代末年子午岭的森林已破坏殆尽。六盘山的森林也受尽摧残，至光绪末年已是“群山如赫秃无枝，竹树萧疏独见兹”。就连曾被青海毛杉和祁连山圆柏覆盖的祁连山脉，也由于林木的不断砍伐而导致森林的萎缩。到清代末年，森林面积已由原来的数千万亩减少到 200 万亩。到 1949 年前后，浅山近沟已很难见到森林了。

乾隆以前，威宁县(1914 年并入长安县)境内的秦岭山区，深林密峰，溪水清澈。经过流民的开垦，也尽成田畴。与之相邻的周至县境内，则有大批伐木者在砍伐秦岭的林木，经常不下数万人。秦岭北坡的植被因此遭到严重破坏。汾河东西两侧的太行山与吕梁山，也遭遇同样的命运。在明前期，太行山南段的林县仍以森林茂密著称，“多良田美水”，中段也有竹林、灌木、藤木植物和草类，植被良好，雁门三关以南的芦芽山也是“林木参差，千云蔽日”。明中叶后，由于流民大量涌入，垦荒种植，到明末林县已成为一片“蓁蓁”之地，中段也少见次生林，芦芽山的林木更被“砍伐殆尽”。到清代，太行山区的贫困百姓，为了维持生计，仍然不断采伐山林，当高大的树木砍伐殆尽后，又继续砍伐尚未成材的树木。到庚子事变后，木价腾贵，更是砍伐不止，最后只剩下一些细弱如指的树苗。

黄河流域的草原大致分布在上游河段两岸，有青藏高原大草原和内蒙古鄂尔多斯大草原等，过度的牧业生产也使草原遭遇到生态退化。草场植被退化，从而引发生态恶化，干旱频仍，土地沙化、盐碱化加重，这种惊心场面随处可见。

在黄河的源头，地处青藏高原的青海果洛藏族自治州，退化草场已达 286 万公顷，占全州可利用草场的 43%，而这些退化草场，主要分布在黄河流经的玛多县和达日县境内。由于过度放养，畜牧超载达 60%，加上定居放牧使草场无暇休养生息，导致草场退化、沙化严重。而草场的退化，也波及到羊的退化。当地的老人都说，羊群的数量是增多了，但体质却差了，个子也小了，现在的羊皮比过去小了三分之一，抗雪灾能力也减弱了。曾经膘肥体壮的玛多大羊，如今连一般雪灾也挨不过，形成小雪灾造成中型损失，中型雪灾造成大型危害，大雪灾便导致全部覆没的严重局面。

与青海源头玛多草场同命运的，还有地处黄河中腹，曾经孕育了一个伟大的马上民族，孕育了一代天骄成吉思汗母族的内蒙古大草原，这个游牧民族的故土，也不堪重负。在内蒙古的巴彦淖尔盟草原草场。草场 20 世纪 60 年代已经出现退化，到 80 年代进入退化高峰期，据 1985 年的一次统计，当时全盟草场退化面积已达 2564 万亩，占天然草场总面积的 32%。普遍表现为植被稀疏，植株矮化，种类减少等，载畜率仅为每百亩草场 3.7 ~ 6.6 头绵羊。昔日风吹草低现牛羊的大草原，连马蹄也难以遮盖了。

植被的破坏导致生态系统的退化，人类的大量捕杀，也使生物物种逐渐消失，使丰富多样的自然界日趋褪色，变得单调起来。

许多野生动物的种类如今已经减少、消失。在山东地区，从大汶口、龙山等新石器遗址出土的狩猎对象遗物，证明有鹿的存在。有专家认为，在西周时期，黄土高原地区仍保持着较好的自然生态系统，那里有数量很多的野鹿、野牛、野猪等大型野生动物，也有数量很多的野兔等小型动物。《诗经·小雅·鹿鸣》篇，描写群鹿在黄土高原上吃草的情景“呦呦鹿鸣，食野之苹……呦呦鹿鸣，食野之蒿……呦呦鹿鸣，食野之芩”。今天的人们则只能从书本上了解这些地方曾经的美好景象，在动物园里看到这些物种的身影了。据文献记载，唐代，黄土高原地区的岚州向朝廷缴纳的贡赋就有熊皮，直到宋初，黄土高原的许多州缴纳的贡赋都有回香。但是到了北宋后期，黄土高原地区缴纳的贡赋中已没有熊皮和豹皮，以房香作为贡赋的州也大为减少，自元代以后，这些野生动物再也没有被作为贡赋见于史册中。虽然在后来的明清时期，文献中仍记载某些地区有虎、熊等动物，但自元代以后，这些野生动物再也没有被作为贡赋见于史册中，说明了唐宋以后生态系统的巨大变化。

历史上黄河流域水产资源比较丰富，鱼类区系组成和种群具有特色，品种也较多。进入70年代，由于河水污染，鱼类种群变动较大，种群数量减少，鱼类年龄组降低，渔获量显著下降。据统计，1972年以前黄河鱼类有150余种，主要经济鱼类近百种，现在种群大为减少，有的甚至绝迹。刘家峡、兰州、银川、包头4个河段，1972年的渔获量为35万公斤，到1979年下降为20.1万公斤，目前产量更低。河南省境内的洛河鲤和伊河鲂鱼，曾有“洛鲤伊鲂贵似牛羊”的美称，现在这些名贵鱼种也已基本绝迹。

黄河河口三角洲是国家级湿地自然保护区，是国际重点保护的13处湿地之一，是地球暖温带最广阔、最完整、最年轻的湿地生态系统。这里的湿地是世界三大候鸟迁移线路之一，是世界上重要的生态区，总面积230多万亩。一度的断流，导致河口特别是近海生态环境急剧恶化。海水入侵加重，河口土地盐碱化加重，渤海盐度自20世纪70年代以来增加了千分之一。黄河入海营养盐及资源要素急剧减少，使鱼虾饵料浮游生物大量减少，渤海经济鱼类资源加剧下降，水产资源衰退，物种减少，生态平衡失调。真鲷和带鱼成为稀有鱼种，黄姑鱼、对虾、蓝点马鲛等明显减少。对虾、刀鱼等独有物种一度消失，曾是世界上增长最快的滨海湿地，1997年也出现了负增长。

第四章 失落的王冠

人类创造了文明，但文明的支点却不仅仅是人类，还包括自然，两者的结合创造出现实中的黄河文明。伴随着历史的发展变迁，人类生产力、生产方式的发展变化，以及人类的壮大，人口的增长，在人与自然的交错作用中，黄河文明，经历了辉煌，也经历了出走与衰落。回望这古老的文明，我们惊讶地发现，曾经的璀璨已经远离了最先的家园，远离了黄河。曾经的王冠失落在历史的长河中。

第一节 文明东南飞

在地理学上有一条著名的“爱辉—腾冲线”：从黑龙江省的爱辉到云南省的腾冲划一条东北至西南走向的直线，把中国分为两半：西北面积为全国面积的64%，人口仅占5.6%；东南面积为36%，人口却占94.4%。文明重心倾斜于东南已无可置疑。

中国学者李仪俊、张善余等人曾做过研究，发现中国的人口重心点一直以年均0.43公里的速度向东南作直线运动，经过长达1400年的漫长跋涉，从黄河中游转移到长江下游一带。其后，由于东南部开发基本完成、明朝迁都北京、清末以来开发新疆、新中国成立定都北京及后来的“三线建设”等国家干预因素，人口重心又向西北方向作小幅度回弹，但近半世纪来，中国人口重心点始终在东南沿海的一个百余万平方公里的狭小地域内徘徊。

孕育了古老中华文明的黄河流域，如今不得不面临如此尴尬的局面。人类在过度的索取之后，不得不品尝自酿的苦果。黄河养育了黄土地上的黄种人，但人类的自我膨胀和对自然的过度开发，在改造自然的同时也破坏了自然。在人与自然这种交互的作用中，人口增加、过度开发和环境恶化等因素交相作用，使自然的土地等资源承载能力降低，进而减少了人类的有效生存空间，影响到人类自身的发展。在人与自然交错的关系中，因循人地关系、人水关系的轴线，我们可以清晰地发现，华夏文明的重心，朝向生存环境较好的东南部，一步步迁徙的脚步。

逐水而居是人类的天性。在农耕文明初期，即距今7000到5000年的这段时期，正值全新世的气候最佳时期，当时黄河中游的气温比现在要高 2～3 摄氏度，降水量也比现在要多，植物生长茂盛。黄土在植被未被破坏前原是肥沃的土壤，黄土又易于开挖成窑洞，供古代人类居住。因此，我们先民就在这里生长繁衍，发展农耕，形成了著名的仰韶文化，并以仰韶文化为基础，逐步建立起强大的政权，然而，黄河流域大部分处于干旱、半干旱和湿润、半湿润地区，黄河是区域内的唯一大河，黄河流域单位土地上的水资源承载力毕竟有限。随着人口的不断增长，人类改造自然的能力不断增强，水和土地就成了约束人类发展的主要瓶颈。

在春秋战国之前，其表现主要是农业的起源以及农业生产逐渐从粗放式转向精耕细作。这一阶段人地关系的主要特征是人少地多，所以尽管采用“刀耕火种”的生产方式，但对环境的影响较小，且主要在局部地区。从春秋战国时期到秦汉时期，一方面是人口不断增加，由春秋战国时期的 1000 万至 2000 万人猛增至 5000 多万，人口增长出现历史高峰，耕地面积也达到历史的最高点，集约程度也大为提高，因而开始了对环境的第一次较大的影响。这一阶段环境破坏已相当严重。汉武帝时曾移民 70 万人到黄土高原开垦荒地，使黄土高原由游牧区变成农业区。大规模的垦荒，使黄土高原森林、草原植被遭到严重破坏、水土流失严重，黄河含沙量增加，下游淤积，河床抬高，且时常泛滥成灾，给下游人类社会的发展埋下了隐患。汉唐时期是中国历史上治乱更替最频繁的时期，人口增减变化十分频繁，但始终维持在 3000 多万至 5000 多万之间，从人口压力上说，没有超过西汉时期的水平。因而，虽然其间也时有垦荒，但对环境的影响也大致维持在原先的水平上。宋元时期是第四阶段。由于生产力水平的提高，扩大耕地面积的能力增强，使耕地面积再次广为扩大，人口也有了较大幅度地增加，突破了 1 亿。因大规模垦荒所造成的环境破坏程度也再次加剧，出现了全国性的森林减少、湖泊缩减、水土流失等环境后果。明清时期由于生产力水平的再度提高，耕地面积扩大再次达到历史新高峰，人口增长也持续攀升，达到 4 亿以上的历史最高点，土地利用的集约化程度同样达到历史最高水平。其结果是，由土地利用所造成的环境破坏也再次大为加剧，出现了全国性的生态退化，干旱的北方尤为突出。这时，汉唐时在西北、华北北部的一些垦区和古城，已由于沙漠化而不复存在，诸多大草原也为沙漠所吞噬。

持续的生态破坏，一方面降低了环境承载力，另一方面增加了经济成本，黄河流域经济越来越难以支撑庞大人口的需求。文明来自于人类，归属于人类，流动的人口也带走了这片土地上的文明。黄河流域的经济，在五代时期已经开始被长江流域超越，丧失了全国经济重心的地位。北宋元丰八年（1085年）东南户数已占全国一半以上，北宋在南方所设置的县数也大大超过北方。到了金与南宋对峙时期，南方地区已完全确立其全国经济重心的地位。此后历经元、明、清三代，经济上南重于北的形势始终维持不变。而文明的中心也随之南移。

工业文明时代人口的继续增加，进一步加剧了人口、资源与环境的紧张关系。民国时期主要表现为传统农业的延续和发展，并伴有工业化的最初兴起。新中国时期则主要以工业化的兴起为特征，进入农业社会和工业社会并存的时代。

从人地关系的变化看，在民国初期的1913年，中国人口约为4.3亿，耕地面积为1.365亿亩,人地比率是3.17。而到20年之后的1933年，人口增加到5亿，尽管耕地面积也有扩大，达到1.47亿亩，但人地比率却降至2.94。再到新中国成立时的 1949 年，人地比率已降至 2.70。这种人地比率变化关系说明人地关系日趋紧张，而伴随这一过程，除了农业生产的更加集约化，就是使用一切能够使用的土地，加以开垦利用，使得环境破坏也进一步加剧。在整个民国时期，中国人口大约增加了近1亿。因为可供开垦的大片荒地历经各朝代的垦荒已所剩无几，而许多荒地限于资金和技术又无法开垦。所以，在这一时期，扩大耕地面积的努力主要表现在局部地区，如东北"禁地"的开放垦荒和开发台湾岛。但从全国来看，耕地面积的扩大是有限的。粮食产量的提高更多地是利用精耕细作的生产。因而在这一时期，土地利用对环境的影响主要也是表现在森林砍伐、围田等方面，只是和历史上相比，人口、资源与环境关系更趋紧张了。

新中国成立以后，人口、资源与环境关系的紧张态势并没有得到缓解，相反，由于人口的更快增长，这种紧张态势进一步加剧乃至恶化。新中国成立40年间，中国人口翻了一番,人口倍增时间之短在历史上从未有过。

在人口压力之下，为了满足人口对粮食的需求，在土地利用上，传统的方式再次被运用，且程度更甚。扩大耕地面积的传统方式在新中国成立后达到了一个新高度，在50年代上半期，中国耕地面积不断扩大，到1957年达到极限，此后非但没能再扩大，反而逐渐缩小，这主要是由于耕地的占用和废弃以及环境破坏后的自然侵蚀。也就是说，中国的人地比率在50年代前期曾一度上升但很快就下降了，在 1952 年曾一度达到 3.96，此后持续下降。在人口快速增长和耕地递减的双重作用下，下降势头甚猛，到80年代后期已低于2，是新中国成立初期的一半。也就是说，人口翻番，人地比率却减半。

这种反差毫无疑问在历史上从未有过，人地矛盾不可谓不突出。

人们常常形容，大地是躯体，河流水源则是赋予它生命的血脉。人水关系的紧张，好比是地域文明发生了心室缺血，必然严重限制人类的生存和发展。瑞典著名的水文学家法肯马克提出了评定是否是贫水国家的定量指标体系。其中人均水资源量低于 1667 立方米每年但高于 1000 立方米每年，经常出现缺水情况的国家，为水资源紧缺的国家。根据评价的结果，人均水资源量仅是世界平均水平四分之一的我国被列为世界上水资源短缺的国家。而黄河流域等北方地区更是贫乏，我国北方每亩耕地占有水资源量 631 立方米，仅仅是南方每亩耕地占有水资源量的三分之一，远远低于全国平均水平。水资源与人口、耕地分布的稀缺和不匹配，加重了北方发展的负担。

生态环境是人类赖以生存和发展的基础，生态环境的恶化，意味着基础的破坏，人类生存空间的减少和生存质量的降低。当日趋变得狭小的生存空间和日趋短缺的水资源无法承载日趋庞大的人口时，人类又开始了新一轮的空间开发和资源开发，将目光从缺水的北方向水资源丰富的南方转移。在这种对资源的追逐和消耗中,中华文明的传人一步步远离曾经灿烂的文明故土。

实际上，唐宋时的黄河文明，已经有赖于连接南北的运河维系。当时的经济中心已经逐步向南方转移。北方作为政治和文化中心，时时需要南方的经济支撑。隋代开凿的南北大运河，连通了长江、黄河和淮河水系。唐代已经开始大量南粮北运以接济京都，宋代曾创下了“年运量八百万石”的黄河水运和漕运记录。元、明、清三代均定都今天的北京，财物“无不仰给于江南”,因此先后多次整修了南北大运河,大量粮米百货得以通过运河源源北上,基本满足了统治者的需要，促进了城乡经济交流，对历代王朝的巩固起了重要作用，也维系了黄河文明的发展。但传统的农耕经济生产方式已经无法为黄河流域的人类提供足够的经济支持，而一个缺乏经济动力的文明是难以维系的。随着南方的持续发展和北方发展成本的不断增大，文明的迁移也就在所难免。

新中国的成立，工业社会、信息社会的来临，给了黄河文明新的挑战，也带来了新的契机。人类对黄河的治理开发取得了翻天覆地的巨大成就，成功地遏制了黄河的水土流失恶化和下游洪水泛滥，对水资源进行了大规模的开发利用，有效地调节了人地关系、人水关系的时空配比，极大地改善了黄河两岸的生存、发展条件。黄河流域成为我国重要的能源、金属和制造工业基地和商品粮、棉等农作物基地，为国民经济建设、为中华民族的复兴贡献了重要力量，使黄河文明重新复苏。黄河流域四通八达的交通线，将黄河与世界联结。古代的丝绸之路见证了黄河文明的繁荣，与黄河相伴的欧亚大陆桥是世界第三条大陆桥，是现代的丝绸之路，必将为这片土地的崛起提供便利。

然而，我们还应看到，工业文明时代海洋文明的发展，世界交流沟通的扩大，为东南地区的文明发展进一步提供了机遇。而内陆积弱的黄河，想要实现文明的复兴，就面临着更多的自然和社会环境限制，还需要更多的努力。不过，一代伟人毛泽东说得好：风光长宜放眼望。基础工业从来是一个现代工业国家强盛的根基，丰富的能源和矿产资源是上天帮助黄河文明在工业时代再次腾飞的最好馈赠，但需要人们积累足够的经济实力和科技能力去开发。如果说东南沿海地区能够依托外向型经济的发展带动国家经济社会的进步，大部分地处北方内陆的黄河流域，则需要依靠自身拥有的国民经济基础产业发展优势，从内需做起，挺起国家的脊梁。面对正在来临的知识经济、信息经济时代，华夏文明的复兴，更需要大河与长江的携手，与海洋的联合，共创新的辉煌，让我们的民族巍然屹立在世界东方。

第二节　文明失衡话因果

人与自然构成了黄河地域文明的基本支点；文明的兴盛和延续，或者说人类需求的实现和满足，取决于自然的供给能力和人类的治理开发能力、社会发展水平的协调与平衡；文明的高度，取决于人类自身的合理发展。回首黄河流域曾经辉煌的农耕文明的衰落，无不印证着这些因果。

自然环境是文明发展的温床。古代的哲学家将空气、阳光、水与土地称为自然世界的四大元素，是人类生命存在的必要条件。源远流长、支流密如血脉的黄河，保证了人类生活必需的水源，另一方面也调节了这一地区较为干旱的气候。平坦广阔、宜于耕作的黄土地，为人类的生存和发展提供了极其适宜的条件。暖温带的季风气候，带来适宜的气温和雨热同期的降雨。从而孕育出古老的中华文明。在漫长的历史进程中，地球的波动、气候的变迁，都导致黄河的躁动、河患的频繁发生和河道的迁移流转。统计发现，在公元2世纪中叶后、5世纪末叶后、7世纪末叶后等黄河中游的雨土高发期，在时间与空间上都与下游的河患存在惊人的同步相关关系。严重的河患，使人类承受了巨大的打击和破坏。

回望人类历史，越是早期的人类，对天然环境的依赖性就越强，伴随人类的发展，对大自然的资源要求则越广泛。从历史到现在，自然的作用无须多言，流域自然生态环境恶化对黄河文明造成的影响不能忽视。

黄土高原在地理上缔造了黄河下游平原、缔造了黄河非同一般的特性，在历史上则是华夏文明的发祥地、辉煌的见证者，在它身上发生的变化，就是最好的例证。以唐宋为界，在唐宋以前，由自然原因引起的植被变化是黄土高原植被变化的主要原因，而宋代以后，由自然原因引起的植被变化表现得不明显，被人类大规模对植被的破坏所掩盖。气候的变迁使流域生态环境变得比以往脆弱，但人类的破坏则使相对脆弱的黄河流域生态环境进一步恶化。两者的持续作用，使黄土高原地区生态环境陷于崩溃，也给人类自身带来了不尽的灾难和烦扰。

在唐宋时期，黄土高原的植被发生了非常明显的变化。这一变化主要表现在三个方面：一是毛乌素沙地环境的恶化和沙漠化的发展；二是草原带的南界向南的明显移动；三是黄土高原上耐旱植物分布范围的扩大。唐代后期和北宋前期，大致相当于公元 7~10 世纪时期，黄土高原植被与环境的变化是很明显的，而且表现在多方面。根据陕西省气象局对历史文献中记载的近2000 年来陕西省水旱灾害的统计，在 7~10 世纪期间水旱灾害很频繁，尤其7~10 世纪是陕北关中旱灾最频繁的时期。这意味着这一时期气候相对较为干旱，导致植被与环境的变化。公元 994 年，赫连勃勃建立夏国，把都城的位置就确定在今靖边北面的无定河上游红柳河之畔。宋代时统万城已被废弃，其原因是该城“深陷沙漠中”(《资治通鉴》)，从此，统万城再也没有作为区域的政治中心，只是一个没有任何政治意义的荒漠中的废弃孤城。

从秦汉开始，尤其是唐宋，直到明清，黄河中游地区大量森林被砍伐，许多草原被改为农田，天然植被遭到严重破坏，因而引起气候的变化。这不仅导致土地的大片沙化，使黄河泥沙大量增加，经常溃决泛滥，而且也促使黄土地上的湖泊数量日趋缩减，土地肥力不断下降。北宋以前的 4000 多年，黄河虽有洪水泛滥、改道，但基本上是稳定的，大体都是进入渤海的时期；南宋以后则改道频繁，南流夺淮长达 700 年之久。与此相关，黄河自然灾害的频繁也有阶段性变化。特大水灾，11 世纪前，百年平均不到 5 次，12 世纪后为 9 次；特大旱灾 11 世纪前百年平均 3 次，12 世纪后为 8.5 次。人类的破坏难逃干系。

一些地理学家与土壤学家通过研究认为，3000 年以前黄土高原的年侵蚀量 9.75 亿吨，可以看成自然侵蚀过程。周代至金代，高原年侵蚀量发展到 11.6 亿吨，仍然以自然侵蚀为主，人类的扰动仍然有限。此后从 1494 年到 1855 年，增加到 13.3 亿吨，新中国成立前达到 16.8 亿吨，人为加速侵蚀所占比例越来越大，它与加速侵蚀率的比值，变化到 8 倍、100 倍。也印证了人与自然气候在环境影响方面的共同作用关系。

由于黄土高原生态环境不断受到伤害，水土流失越来越严重，导致黄河含沙量越来越高。元代虽有贾鲁，明代虽有潘季驯，清代虽有靳辅、陈潢等治理黄河的成就卓著的名家，在治黄上做出了巨大的努力，但也只能使黄河相对安定于不太长的时期，不能达到长期安流的结果，使大片富饶的下游平原成为荒凉的黄泛区。自然平衡机制的破坏，使整个黄河流域的基本生产条件空前恶化，生产长期低落不振，进一步影响了黄河流域文明的发展，压缩了人类的生存空间。

新中国成立后，40 年间人口迅速超过 10 亿，产生了巨大的人口危机。最终摆脱人口危机，主要得益于集约化生产大幅度地提高了粮食的产量，弥补了人地比率下降所形成的缺口，而集约化生产所取得的成就则有赖于农业技术的进步。然而，在食物供应上成功地应付了人地矛盾的挑战的同时，在生态环境上中国却付出了相应的代价，那就是，所有农业社会里土地利用所产生的环境影响都再次重现，且程度加剧。由于垦荒，森林覆盖率不断下降；由于水土流失，土地沙漠化不断扩大；由于不合理耕作，土地盐渍化严重等。不仅如此，新中国成立后，工业也得到了长足的发展，尽管这一发展过程是曲折的。在工业化过程中，生态环境同样受到影响，其一是工业建设对耕地的占用，包括城市扩大对耕地的占用；其二是工业建设造成了严重的环境污染，包括大气污染、土壤污染、水污染、噪声污染、光化学烟雾污染等，这种污染在城市里尤为严重。尽管其间还包含为改善这种关系而采取的种种措施。新中国成立以来，中国人口、资源与环境关系进一步恶化，尤其在自然条件更为恶劣的北方黄河流域。这一切，都提高了人类经济社会发展的成本，加重了黄河文明复兴的负担。

社会环境则是文明发展的基本动力。生产力对人类发展的决定能力毋庸置疑，生产关系、国家政策、战争与和平等，甚至基本的人口，也都在不同时期，促进或者制约文明的进步。

生产力决定了人类发展的基本历程。千百年来，从石器到铁器，从人畜力到蒸汽机、发电机，生产工具的巨大变革，社会生产力的飞跃发展，带来了人类历史上的每一次大转折，带给了人类农耕文明、工业文明。而每一次都大大增强了人类改造自然的力量，使黄河儿女走出山谷平原，走向广阔的下游冲积平原，走向海洋。人类日趋丰富、发达的物质文明，无不依赖于社会生产力的发展。中国汉唐的富足和晚清的积贫，无不与生产力的发展水平相关联。黄河历史上几次大规模的有效治理活动，也都发生在生产力迅猛发展、国力强盛的汉代、明代和清前期等。当生产力发展的脚步陷入停滞，人口的压力就会如影随形的来临，而对于一个国家的国民来说，生产力的停滞不仅仅意味着生活的停滞和困顿，甚至还意味着国民尊严的丧失。所谓弱国无外交，大清帝国就是在这种屈辱中走向它历史的尽头。

生产关系的停滞对生产力发展和劳动工具革命形成制约，使自然经济长期占统治地位，造成黄河流域经济的萎缩，影响了黄河文明的继续发展。在漫长的农耕文明时期，中国长期处于大一统的封建社会，历朝历代都坚定地推行重农轻商的政策，从而将黄河流域经济的发展束缚在农业发展的基础上，限制了经济发展的持续动力，在工业文明的竞争中逐步落伍。中国传统的农业，是建立在个体小生产的基础之上，以精耕细作为主要特征。它在黄河流域虽然发达较早，成就巨大，但也存在很大的局限性，表现为男耕女织的小农经济模式，无法实现社会化大生产，从而阻碍了生产率的提高，以及其他产业的分化与发展，影响了人类社会的前进步伐。受制于土地的面积，随着人口的增长，粮食不足也就长期成为困扰人们的一大问题。这又迫使人们拼命地发展粮食生产，除了深耕细作之外，只好大肆开垦荒地，向边缘地区移民垦荒扩大耕地的面积，从而逐渐打破了人与自然的平衡。

人口的因素不容忽视。人创造了文明世界，千百年来，我们的祖先都在讲一句话：人多力量大。但人口对人类自己来说，也是一把双刃剑。人类历史上发生过三次大转折，人类社会也先后经历了原始渔猎社会、农耕社会和工业社会。伴随着每一次大转折，几乎都发生了一次“人口爆炸”。当生产关系与生产力相匹配，当生产力发展与人口增长相匹配，则意味着文明的昌盛与繁荣。然而，人口的急剧增长也意味着社会经济需求的急剧扩大，随着生产力发展速度的减缓，就会逐渐产生人口压力、资源压力和环境压力，其中最基本的是生存压力，是食物供应满足人口生存需求的压力。马尔萨斯在他著名的《人口论》中就提出人口呈几何增长，必然大于生产增长的观点。虽以偏赅全，但在现实世界确也有对应的实例轨迹。由于食物生产长期以来依赖于耕地面积及其产量，随着人口增长，人类开发的耕地也越来越多，对生态的破坏逐渐严重，并从黄河流域的局部地区逐渐扩展到全流域。这种破坏性开发在农耕文明时期达到顶峰，并最终限制了黄河文明的进一步发展，导致了文明的迁移。作为世界上历史悠久的大国，中国在实行改革开放政策以来，实现了连续20多年增长速度在8%~9%，被西方称为绝无仅有的经济奇迹，但对中国人来说，计划生育仍然是国家的基本国策，因为身临其境才能体会到其中的巨大压力。而另一个迅速发展的古老大国——印度，在实行了多年的自由生育政策后，也不得不面对人口的压力，转而倡导计划生育。

中国历史长期以来单纯地发展种植业，特别是粮食作物的政策，也忽视了畜牧业和林业，以及其他产业发展对国家经济社会、对文明发展的贡献和促进作用。战国秦汉时的所谓“重农派”，尽管并不完全排斥畜牧业，但都毫不例外地将六畜与桑麻、园艺等放在粮食生产的辅助地位。当时除官府饲养军马和边疆草原地区的游牧民族从事畜牧业之外，内地的畜牧业实际上都属于副业性质的小规模的家庭圈养，而且多是猪、羊、鸡、鸭之类的家畜家禽，马、牛之类的大牲畜虽然也有一些，则只是为提供耕种、运输的畜力而非食用，数量非常有限。由于畜牧业不发达，限制了食品结构的多样化和质量的提高。同时，由于没有认识到林业与农业生产的密切关系，不仅历代王朝的统治者大肆采伐森林以营建宫室、邸宅和寺庙宫观，一般百姓也把林地视为垦辟的对象而任意加以砍伐耕垦。传统农业忽视畜牧业和林业的结果，使草原和森林遭到严重破坏，造成水土的流失，导致黄河流域自然生态环境不断恶化，进而增加了地域经济的发展成本。

封闭的政策和内部交通条件的恶化，进一步堵塞了黄河与外界的交流，迟滞了黄河流域经济社会的发展。汉唐时期，张骞出使西域，打开了我国中原地区与西域及欧亚国家之间的贸易通道，出现了一条历经千年的“丝绸之路”。交通道路的开辟，商品交易的开展，地区分割、封闭局面的打破，大大促进了黄河流域经济的发展,使中华民族在农耕时代创造了璀璨的华夏文明。但明清时期，中国中央王朝渐趋实行闭关锁国、自给自足的保守政策，所谓“户枢不蠹，流水不腐”，长期的自我封闭使中华帝国固步自封、僵化守旧。边关封闭和一些王朝战争，使商品交换和对外贸易被阻隔，正常的交流被切断。到了十五六世纪，随着海上交通和海上对外贸易的发展，丝绸古道也逐渐冷落下来。在古老帝国的内部，古代黄河中下游地区河网交错，湖泊群立，水运条件较好。加之历代注重修渠开河，形成了以西安、洛阳、开封为中心，以黄河为骨干的江、淮、河、海庞大的水运网，这一水运网成为我国历史上相当长时期的经济命脉。金元以后，黄河长期南泛，河淮之间的天然河流，有的淤浅，有的上游缩短，有的完全淤废，导致了水运交通的衰落。而黄河枯水期较长，加之河口“拦门沙”，造成了“有河无航”的封闭状态。内外的闭塞，最终导致黄河流域经济逐渐萎缩下来。

人类之间的战争也加速了文明发源地的衰落。从魏晋南北朝时期400年的大动荡、大分裂，到唐末五代的战乱；从北宋末年以后女真族和蒙古族等游牧民族的破坏，到鸦片战争至新中国成立前的一个多世纪中，中国由封建社会一步步沦入半殖民地半封建社会。长期的战祸，使黄河中游地带长期发展起来的封建农业经济受到严重冲击，社会经济严重衰退。战争的破坏，莫过于对城镇的毁灭。如“安史之乱”以后的长安就是如此。唐王朝在长安建都289年，“安史之乱”之前，长安已达百万人口，经济文化得到高度发展，成为世界上最繁华的第一大都市。“安史之乱”中，叛军所至毁城灭族，使长安遭受毁灭性的打击。此后，又有吐蕃攻入长安进行破坏以及藩镇军阀混战，使长安化为一片废墟，成为历史的陈迹。城镇的消失，使该区域内经济失去了支点，政治、文化失去了中心，贸易失去了联结的基础，是对生产力发展的浩劫。南宋以后，频繁的战乱使黄河流域经济衰退下去。应当指出的是，抗日战争期间，日本对中国森林、矿产、农业资源的掠夺和对生态环境的破坏也是十分严重的。

事实上，文明的悲剧，都以相同的原因，发生在世界的每一个地方，美国学者卡特和戴尔在他们的著作《表土与人类文明》中，对遍布世界各地的美索不达米亚、黎巴嫩、地中海沿岸、叙利亚、玛雅、古巴比伦、印度等几十个古老文明地区进行了研究和对比，他们发现，文明的兴盛发展只有40到60代人之间，大约是1000至1500年的时间，而且越是兴旺发达的文明，其衰落的速度越快。究其原因，就是人类的发展破坏了赖以生存的自然环境，环境的恶化反过来又影响到人类自身文明的发展。以至于早在200多年前，法国哲学家夏特·布莱恩就指出“人类文明脚步过处，留给身后地球的总是一片荒漠”。也正因如此，几历风雨而幸存的中华文明，才更引起人类的关注。

第四部分

治黄的思索

当人类以自我为中心建立起人与黄河的历史坐标，在两者的共同作用下，便形成了两个空间：人类对自然的改造创造了文明，形成了客观的文明世界；自然对人类的影响反映在人类的头脑中，形成了主观的思想世界。黄河落天走东海，万里写入胸怀间。随着生产力、生产关系的发展，历史坐标的延伸，是各种治黄思想的孕育丰富、是历代治黄方略的形成发展。

第一章　回眸五千年

——治黄思路综述

挟带大量泥沙的黄河，带给龙的传人生命之水和肥沃的冲积平原，也带给龙的传人狂暴的洪水和肆虐的黄沙。千百年来，人类一直在思考保护家园、治理黄河的方法和手段，产生了许许多多的治黄思想。自大禹治水以来，纷繁复杂的治黄思想层出不穷，实践与构想并存，成功与失败同行，大致可归纳为十二类治理方法予以表述。

第一节　修堤筑台

黄河下游修堤筑台防御洪水,是人们在实践中采用的最基本的治水方略。先秦时期的治水文献中就有共工“壅防百川、堕高堙庳”，“鲧障洪水”和禹“陂障九泽”等传说。

根据水势就下的特性，人们选择居于高地、垫高住处等方法以避洪水。即使到今天，黄河滩区内的广大居民，仍然通过修筑高于地面的避水房台、村台来提高防御洪水的能力。为了保护定居地，远古时期的人们采取在部落定居地周围临时垒土挡水，形成简单堤埂的方式来提高抵御洪水的能力。在今天，一些临近河流、人居密集的都市城镇也都修有专门的堤坝防止洪水入侵。

随着能力的提高，人们开始依靠修筑堤防来规顺河道，减少河水泛滥，以防止洪水对人类生产、生活的侵扰。春秋战国期间，黄河下游各诸侯国已经竞相沿河筑堤防止河水泛滥。管仲就向齐桓公提出筑堤防洪、除害兴利的方法，提出了约束河水流路的要求。黄河大堤在战国年间开始系统兴建，秦始皇统一中国后，使黄河下游堤防工程布局得到调整，堤防得到统一。西汉时期，筑堤治河呈现出高度发展的状态。汉代把一些河段修成坚固的石工，被称为“金堤”。汉哀帝时，待诏贾让提出著名的“治河三策”，下策为增修堤防。虽然这里把筑堤防洪作为下策，但实践中能够实施的最现实的方略，仍然是增修堤防。东汉时期王景疏浚汴渠，整治黄河，使黄河出现安流近千年的好局面，主要方法依然是在河道两旁修筑连续的堤防。此后宋金元各代以筑堤为常策，直到明清时期，堤埽险工的大发展，使筑堤治河技术日臻成熟，至明代潘季驯完成了由缕堤、遥堤、格堤、月堤等组成独特的堤防体系。依靠缕堤固定主槽，约束洪水，冲刷河床。在缕堤之外建一道遥堤，增加缕堤与遥堤之间的容积，扩大容纳洪水的能力。为防止洪水出缕堤后，沿遥、缕堤之间漫延冲刷堤根，在遥堤和缕堤之间，每隔一定的距离修建一道横向格堤；为加固堤防，在遥堤或缕堤的薄弱堤段所修的月牙形堤防，则称为月堤。如果洪水过大，遥堤和缕堤之间仍无法容纳，则通过建于遥堤之上的砌石减水坝有计划地溢往遥堤之外。这个堤防体系，相互联系，相互配合，有效地加强了堤防的防洪功能。

堤防显著加大了河床的容蓄能力，在一定程度上控制了黄河的流路，大大提高了防洪标准。不论是明清潘季驯、靳辅的“束水攻沙”，还是新中国成立后王化云的“宽河固堤”，都需要堤防来约束洪水。直到今天，利用黄河下游堤防控制洪水，使之顺利入海，仍然是防洪必不可少的重要手段。由于黄河下游为“地上悬河”，一旦决溢，洪水泛滥，泥沙俱下，后果不堪设想。因此，新中国成立后，一直高度重视堤防建设，短短 50 多年间，已经进行了四次大修堤。

但是，黄河是一个多泥沙河流，筑堤防洪势必导致河床淤积抬高，增加对防洪的威胁，一旦决口，造成的灾害更大，堵复决口也更加困难。如果单纯依靠堤防治黄，黄河日瘀，堤防日修，循环往复，难以停止，工程投入也难以承担。

第二节　分流杀势

分流杀势，包括河道分流和蓄滞洪区分流。主要是针对黄河下游汛期行洪能力弱的问题。

河道分流议者较多。汉成帝初年，清河郡都尉冯逡为了避免在本郡内出现河患，提出开河分流。他建议疏浚屯氏河，为大河分流。即黄河洪水暴涨时，使洪水沿着各个支河分泄，可以削减主河道的洪峰流量，减轻洪水对主河道两岸堤防的威胁，从而避免或减轻决溢灾害。关于分水口位置的选择，应视两岸的地形条件而定。一般来说，靠上一些可以使洪水早点自主河道分出，减害作用将更加显著。2000 年前的冯逡能有此认识，值得称道。

贾让在“治河三策”中提出的中策，主张在黄河下游多穿灌渠，一则可以灌溉，二则可以分洪，“分杀水怒”，主要还是为了分洪，与冯逡的建议相似，只是贾让设有水门控制而已。王莽时的冯牧也主张分流，他建议重开九河，“纵不能为九，但为四、五，宜有益”。

北宋时期，黄河决口于澶州商胡埽，河北都转运使韩贽提出开魏金堤进行分流，得到实施，分流两河并存的局面维持了17年之久。北宋时任伯雨、李垂等人也主张黄河在滑、澶二州南北两岸开支河分水。明代主张分流以杀水势的观点一直占优势。从明初的宋濂开始，直到后来治河比较有名的徐有贞、白昂、刘大夏、刘天和、杨一魁等人都是分流论的主张者，并进行过相当规模的实践。为了保漕运，他们都力主“北岸筑堤，南岸分流”的方策，把黄河分为两支或多支下泄。明嘉靖年间，向南分流的各支河淤塞已很严重，总河戴时宗、朱裳等人，仍竭力提倡疏浚支河，以杀水势，但效果均不明显。潘季驯反对分流最力，但处理异常洪水，他也主张在堤身修减水坝以分洪。到了清代，筑堤束水的治河方略占主导地位，但主张分流的也不少。如清乾隆十八年(1753年)，户部尚书孙嘉淦根据当时黄河频繁决口的情况，就提出开减河引水入大清河以缩小灾害的主张，想为黄河下游开辟一条分洪道，以防御异常洪水。靳辅、陈潢在治河实践中认识到黄河下游河道上宽下窄，有碍排洪，因此在砀山以下至睢宁间的窄河段内，沿用潘季驯修减水坝的办法，有计划地修建了许多减水闸坝，作为异常洪水分洪之用，也是一种分流措施。

新中国成立后，比较有代表性的分流主张是“三堤两河”分洪方案。60年代初，山东河务局刘传朋等曾提出将山东窄河道改建成“三堤两河”的设想。以加大下游河道泄量，增辟分洪道，排洪入海，解决黄河下游河道上宽下窄，排洪能力上大下小的矛盾。

新中国成立后，清华大学黄万里教授还提出了分流排沙的方略，主张在黄河下游两岸打开20多个口门，各连通原有的排水河道或低洼地带，采用复式断面，并固定滩槽两岸的边坡，以利于淤滩刷槽。汛期各口门齐开，口门以上可拉沙出槽，刷深大河，同时削减大河洪峰。分流引出的洪水泥沙，可以自流淤灌大片农田，改土施肥。这样一来，下游两岸大堤可不再加高，上中游地区也无需搞水土保持，“河治指日可待”。

在多泥沙的黄河下游，虽然多开口门能分杀水势，但当黄河涨水时如分水不当，反而变冲为淤，淤塞河道，这与清水河道的分流有明显不同。

关于滞洪区分洪的主张，最早见于记载的是汉代。贾让提出可以在低洼之地蓄滞秋天来汛之时的部分洪水。西汉王莽时期的长水校尉关并则明确提出了设置滞洪区的主张，他提出在今滑县、濮阳一带的低洼地方作为“水猥”滞洪。因为当时这一地区不断遭受黄水灾害，生产和居住条件惨遭破坏，关并建议空出这块地方，为黄河洪水留一个去处，一旦洪水暴涨，泄入其间，下游河道便不至于发生很大的灾害。在今天看来，这实际是要建设一个滞洪区。

宋代任伯雨主张“宽立堤防，约拦水势”，是以遥堤之间的广阔滩区滞洪，明代陆琛建议在大河两旁修“河陂”滞洪。新中国成立后，王化云总结提出“上拦下排，两岸分滞”防御特大洪水的方针，其中分滞即指在下游设立北金堤滞洪区、东平湖滞洪区和南北展滞洪区，在遭遇特大洪水时蓄滞洪水。不过蓄滞洪区分洪属于舍弃局部利益，保护全局利益，往往对蓄滞洪区内的人居、生态造成极大破坏，因此在实际中，决策者往往很难抉择。

第三节　束水攻沙

黄河的泥沙问题使人们考虑以水攻沙，减少淤积。

西汉末年王莽时期的大司马张戎，最先认识到黄河泥沙的危害性和河水具有的冲刷特性。他认为黄河下游的决溢灾害，主要是由于泥沙的大量淤积。要防止河患发生，必须设法避免泥沙在河床淤积。张戎还进一步提出，河水本身具有冲刷的特性，应该使河水保持较高的流速，依靠河水自身的冲刷力排沙刷槽。为此要停止上、中游灌溉用水，以保证下游河水有较大的力量排送泥沙。张戎能够首次从水流泥沙的角度来分析河患的成因，提出以水排沙的治河主张，并能对河水挟沙能力随流速大小变化的关系有所认识，这值得赞誉，但其停止上、中游灌溉引水的办法，显然是行不通的。自那以后很长一段时期内，人们对于下游河道淤积抬高所带来的危害虽有所认识，但对于如何解决这一问题，则很少进行具体的探索。

直到1500多年后的明代中期，才有人提出“束水攻沙”之说，并进行了规模较大的实践。明代万恭、潘季驯从“黄流最浊，以斗计之，沙居其六，若至伏秋，则水居其二”的实际情况出发，提出“筑堤束水，以水攻沙”的主张。他们主张从多方面加强堤防，利用大堤束水就范，以增加水流的冲刷能力，把泥沙送到海里去，从而解决河床淤高后引起的黄河决溢。

明代隆庆末年，河南虞城县一名生员，首先向当时的河官万恭提出了“以人治河，不若以河治河”的主张。他指出：“如欲深北，则南其堤，而北自深，如欲深南，则北其堤，而南自深。如欲深中，则南北堤两束之，冲中坚焉而中自深。”万恭曾试用此法于治河实践，结果“无弗效者”，取得显著效果。万恭也因此对水沙运行规律有所认识，他指出“专则急，分则缓”；“急则遇，缓则淤”。“欲河专而深，莫若束水急而骤。束水急而骤，使由地中，舍堤无别策。”显然，这里已有束水攻沙的意思了。万恭认为应根据河性的宽窄舒缓确定筑堤与否；他从黄河泥沙的特性考虑，主张束水，反对分流，认为这样可以防止泥沙淤积。

潘季驯是明末著名的治河专家，他曾四次主持治河，前后共 10 年之久。在总结前人经验的基础上，潘季驯比较系统地提出了“以堤束水，以水攻沙”，“借水攻沙，以水治水”的治河方略。为了达到束水攻沙的目的，潘季驯十分重视堤防的作用，他曾把堤防比作边防。在总结以往修堤经验的基础上，他从单纯用缕堤束水，创造性地发展到用遥堤、缕堤、格堤、月堤四种堤防，因地制宜，周密布置，配合运用的新阶段。潘季驯在第三次治河后，经过整治的河道十余年间未发生大的决溢，行水较畅。在他第四次治河时，又大筑三省长堤，把黄河两岸的大堤全部连接起来了，河道基本趋于稳定，河患显著减轻，扭转了嘉靖、隆庆年间河道“忽东忽西，靡有定向”的混乱局面。潘季驯不仅是“束水攻沙”方略的倡导者，而且也是坚持不懈的实践者，他把治河思想大大向前推进了一步，给后人治河以深远的影响。

清代靳辅、陈潢基本上奉行潘季驯的治河方略，并有所发展。靳辅在主持治河的 11 年中，非常注意“坚筑堤防”，曾在黄、浪、运河两岸大力整修了千里长堤，并创筑了从云梯关外到海口束水堤一万八千余丈。

到了本世纪初，西方治河专家开始运用现代科学技术比较系统地研究黄河问题，并提出一些治河建议。其中以美国的费礼门为最早，他的治河方策的主旨，是使“黄河流行于狭河槽中”，具体办法是在河床内再修筑两道直线新堤，堤距不超过半英里（约 800 米），堤身用丁坝保护，以约束此窄而直的新河槽。每一段直河槽长约 50 英里（约 80 公里），两段直河槽之间用半径不超过河宽 2～3 倍的弯道相接。在窄而直的河槽内，洪水的天然冲刷力即可自行刷深河槽。同时在新堤身设有水门，控制洪水，淤高新、老堤之间的两岸滩地，逐渐形成坚固的河岸，于是河水皆由岸中行。

恩格思是 19 世纪末期德国萨克逊大学的教授，著名的河工模型试验专家。著名的“固定中水位河槽”的治河方策，就是由他创立的。恩格思的基本思想是在现有内堤之间，通过裁弯取直，堵塞支汊，修筑护岸工程，缔造一个比较稳定的中水位河槽，在两岸大堤之内构成复式河床，中常洪水时把河流限制在河槽之内，大涨时两岸滩地漫水落淤。这样使滩地慢慢淤高，河槽便随之变深，整个河床也就会渐渐地稳定下来。在恩氏主持下还于 1932 年、1934 年先后两次进行了黄河下游河道大模型试验，试验结果表明，宽河道“淤滩刷槽”作用显著。

方修斯是恩格思的学生，德国汉诺夫大学教授。民国 17 年（1928 年）应聘来中国，其基本精神仍是要造成一种便于通过一般洪水的河槽。方修斯认为，治河的主要目标应尽可能在短时间内改善洪水河床，使洪水位有显著降低。降低洪水位的唯一方法是利用含沙量不多的寻常洪水，利用其自然力，自行刷深河底。具体说，就是在河床内再修两道新堤，平均堤距 650 米，堤身多设滚水坝，将过剩的洪水导入新、老堤之间，淤高两岸滩地，以期获得永久性的洪水河岸。费礼门、恩格恩、方修斯三人治河主张的实质都是“以水治水”，均为“藉河水自然之力，以刷深河床，由此达到降低洪水位之目的”。

在众说纷纭之中，我国著名水利专家李仪祉则倾向于恩格思的治河主张，提出“固定中水河槽”。黄河泥沙多，流量变化大，下游河道演变剧烈，固定中水位河槽，应当说有利于稳定河床。然而，那时黄河流量的测验成果还不多，中水流量在短期内是难以确定的。关于这一点，李仪祉当时也曾明确指出过。

新中国成立后，张瑞瑾、钱宁等泥沙专家对于下游治理都主张实行“宽滩窄槽”的方策。宽滩主要发挥滞洪、削峰和淤滩刷槽作用，窄槽主要指固定中水河槽，提高相应于造床流量的水流挟沙能力，更好地发挥泄洪、输沙作用。王化云根据黄河洪水峰高量小、涨落很快的特点，提出“宽河固堤”，也是利用宽河道削减水势，同时“淤滩刷槽”。其思路与“宽滩窄槽”基本一致，不过还强调了固堤以防决口，以后又逐步发展起来黄河特色的河道整治工程，进一步规顺河槽。从目前情况看，其在控导主流、稳定河势、护滩保堤、争取防洪主动等方面，在有利于排洪、排沙、涵闸引水、滩区群众生活等方面，都发挥了重要作用，对于大洪水淤滩刷槽也无不良影响。

所有这些均属于“以水攻沙”治河方略的发展。但是，由于黄河水量不足，水沙丰枯十分悬殊，因此单纯“束水攻沙”不能根本解决黄河为害的问题。

第四节　水土保持

黄河流域水土保持思想的形成，经历了四个时期，从西周到晚清，水土保持未作为一项事业，还没有明确的思想，明、清时期，有少数专家提出把水土保持与治理黄河联系起来的主张，明代河道总理周用以及徐贞明、徐光启等认为，治河仅局限于下游，是不能根本解决黄河问题的，必须从中上游着手才是正本清源之策，因此提出了“沟洫治理”、“治水先治源”、“汰沙澄源”等主张。即把洪水泥沙分散到上中游各地田间，以达到既利于农业生产、又解除黄河洪灾的目的。民国时期，在李仪祉、张含英等水利专家的倡导下，水土保持作为解决黄河泥沙的重要措施而纳入治黄事业。新中国成立后，水土保持进入高速发展时期，各种思想和治理主张如雨后春笋，得到了充分而广泛的发展。

北宋杰出的自然科学家沈括，经过实地考察后指出，黄河挟带大量泥沙，是由于黄土高原地区的“水凿”现象（即水力侵蚀）造成的。到了明代，已有人认识到治河仅限于下游是不能解决问题的，必须从中上游着手才是“正本清源”之策，并试图开辟一条治河新路。明嘉靖二十二年(1543 年)，周用奉命总理河道，他在《治河事宜疏》中首先提出了开沟洫的主张。他认为“天下有沟洫，天下皆容水之地，黄河何所不容？天下皆修沟洫，天下皆治水之人，黄河何所不治？水无不治，则荒田何所不垦？一举而兴天下之大利，平天下之大患”。早在 440 多年前，周用就阐述了治河与开沟洫，群众性的水土保持与治河的辩证关系，确属难能可贵。

明万历年间，徐贞明也主张用沟洫治河。他的治河指导思想是“集之则害，而散之则利，弃之则害，而用之则利”，不使水汇聚成泛滥成灾的洪水。因此，他认为“河之无患，沟洫其本也”。在《游水客谈》中，他还明确提出“治水先治源”的主张。

主张沟洫治河者，其主导思想是通过大面积的沟洫治理，把洪水分散到田间，以达到保水保土，有利于农业生产，又解除黄河洪水为患的目的。在明代小农经济情况下，想在黄河中上游大规模治理是办不到的，而且单靠沟洫，也改变不了降水分布不均匀、暴雨形成黄河洪水的这一自然规律，达不到根治黄河的效果和利于农业生产的目的。因此，只有议论，并无实践，没有取得什么效果。

清乾隆年间，御史胡定曾奏《河防事宜十条》，其中有一条提出了“沟涧筑坝，汰沙澄源”的建议。他说：“黄河之沙多出自三门以上及山西中条山一带破涧中，请令地方官于涧口筑坝堰，水发沙滞涧中，渐为平壤，可种秋麦。”这时的胡定已经认识到黄河泥沙是由于中游黄土高原水土流失造成的。他的建议与我们目前在黄土丘陵沟壑区打坝淤地、拦泥增产的水土保持措施相同，是很有创见的。却因“古未有行之者”的理由，而被轻易地否定了。

由于自然因素和不合理的垦殖，土壤侵蚀对农业的危害日益严重，因此本世纪初一些欧美国家对水土流失问题开始重视起来，并采取了一些水土保持措施，取得初步成效。后来西方有些治河专家对我国黄河的治理，曾提出在中上游实行森林治水的计划，设想通过改变土壤结构，增加地面覆盖和涵蓄雨水的办法，来消除下游水患。

20 世纪 20 年代初，我国著名水利专家李仪祉把治黄思想大大向前推进了一步。他认为“去河之患在防洪，更须防沙”。并且当时李仪祉已经注意到泥沙的粗细及其来源。关于防沙、治沙之法，他提出一要通过造林种树，在西北广植苜蓿等方法以保持水土，防止冲刷，以减少泥沙来源；二可设置谷坊，以堵截泥沙去路。主张“植畔柳、开沟洫、修道路”。“水土保持”一词，就是由黄土高原于民国后期首先使用，并逐步推广到全国和世界上的。

新中国成立前夕，成甫隆在《黄河治本论》中提出在黄土高原地区“筑坝淤田”的主张。他认为在中游修筑堤防和疏浚海口等，都是“防范自然，抗御自然之事也”。所以“工程繁而收效微”，在“上游山沟筑坝淤田”则是“控制自然，利用自然之事也”，所以“工程易而获利巨”。

主张水土保持治河论者，认为黄河的根本问题是泥沙问题，泥沙不治，黄河不治，黄河要根治，只有寄希望于水土保持，水土保持是治黄的基础，是黄河正本清源的根本措施，必须把它放在重要的战略地位。但也出现了一种偏颇的观点，认为水土保持是治理黄河的唯一根本措施。近代外国人也多把上、中游植树造林视为治理黄河的主要办法。以黄河水利委员会王化云为代表的主流观点认为，水土保持工作是改变黄土高原面貌和治理黄河的治本措施之一，但并不能完全解决黄河泥沙的问题，治黄必须综合治理。针对黄土高原地区的水土流失状况,首先应集中力量治理 10 万平方公里的多沙粗沙区。以小流域治理为单元，以库坝等工程措施建设为主，工程措施与生物措施等综合应用。水土保持减沙总体效果不明显的主要原因，是人类活动造成新的水土流失，抵消了治理效果。王化云还提出了黄土高原水土保持中淤地坝“相对稳定论”，对指导黄土高原沟道治理具有方向性和战略性意义。目前淤地坝建设已经成为黄土高原地区，尤其是多沙粗沙区水土保持的重要措施和重点工作。

今天人们也越来越重视生态的自我修复能力，认识到人类活动对植被的巨大破坏作用，采取退耕、禁牧、封育等措施，推动黄土高原地区大面积的植被恢复和生态系统的改善，已成为对水土保持的一个主流观点。史念海对黄土高原地区的植被情况进行的研究证明，黄土高原地区的水土流失程度与人类活动造成的植被破坏密不可分、影响巨大。任美锷院士等一批专家学者就认为，黄土高原的土壤侵蚀以人为侵蚀为主，现代的强烈土壤侵蚀主要是人为加速侵蚀造成的。目前国家已经形成了退耕还林还草、封山育林，以及牧区的圈养与牧区土地轮休等政策，指导实践工作。

中国科学院土壤学家朱显谟、第四纪与环境地质学家刘东生、土壤地理和土地资源学家孙鸿烈、自然地理和地貌学家李吉均、土壤地理学家赵其国五位院士曾联名向国家建言，当今治水之道，应采取地表水库、土壤水库、地下水库“三库”协防，以确保山川秀美。他们认为，中国此前治水多采用“蓄泄统筹，以泄为主”，这已不适应目前的状况，今后治水应遵循“蓄泄统筹，以蓄为主”的方针。黄河流域干旱缺水，加之水土流失严重，有限的水资源难以支撑区域经济社会发展,但其点棱接触支架式多孔结构的土壤特性，为土壤水库的增蓄扩容创造了良好的条件。五院士建议该流域“全部降水就地入渗拦蓄”，并强调“就地”不是点的概念，而是面的概念，治水重点是保护黄河流域的土壤水库。这实际也是一种水土保持的观点。

第五节　调水调沙

针对黄河泥沙多、下游河道淤积严重的问题，明代潘季驯曾提出“以清释浑”，在会淮地段“蓄清刷黄”的主张。清河道总督靳辅则发展了“蓄清刷黄”的治河理论，在砀山以下至睢宁间的狭窄河段内，修建许多减水坝，作为异常分洪之用。如遇淮消而黄涨，则各闸分出之水，经沿程落淤澄清，均入洪泽湖，再由清口入于正河，助淮以清刷黄。这是历史上首次将治河减淤和水沙关系联系起来考虑，提出解决方案。

真正意义上的调水调沙，是工业文明时期、新中国成立后逐步形成的治河思想，是王化云、钱宁等一批老一辈治黄专家，在总结三门峡水库运用经验基础上逐步总结提出的。

调水调沙，就是通过干流骨干水库的调节，改变黄河“水少沙多，水沙时空分布不均衡，易于造成河道淤积”的自然状态，使出库流量和含沙量适应河道的输沙能力，最大限度地把泥沙输送入海，减少在河道中的淤积，达到最佳输沙效果。

人们从研究下游河道输沙特性中发现，在一定的河床边界条件下，水流挟沙能力近似与流量的平方成正比，同时还与来水的含沙量有关。即在河床边界条件和水流条件不变的情况下，如果来水的含沙量大，则在单位时间内通过某一断面的输沙量（称输沙率）也大，如果来水的含沙量小，则在单位时间内通过某一断面的输沙量也小，说明下游河道具有“多来沙多排沙少来沙少排沙”的特点。在一般少沙河流上修建水库，主要任务是调节径流，而黄河的显著特点是水少沙多，水沙不平衡，泥沙的地区和时间分配都不平衡，因此在黄河上修建水库，不仅要调节径流，还要调节泥沙，使水沙关系更加适应，以达到更好的排沙、减淤效果。这就是调水调沙的科学依据。

目前调水调沙主要有以下几种。一是人造洪峰。黄河下游河道水流挟沙能力近似与流量的平方成正比，如果通过水库调节天然径流，以较大的流量集中下泄，形成人造洪峰，即可冲刷下游河道，发挥减淤作用。二是拦粗排细。下游河道主要淤积物是粗泥沙，如果通过水库合理运用，只拦截粗泥沙，则在同样拦沙库容下，下游河道减淤效果可增大 50%以上。三是滞洪调沙。就是通过水库调节，把非汛期的泥沙调整到汛期来排，把多沙不利年的泥沙调整少沙有利年来排。四是蓄清排浑。水库实行非汛期蓄水拦沙，汛期降低水位泄洪排沙的控制运用方式。五是高浓度调沙放淤。是泥沙专家方宗岱提出的，用非牛顿体高含沙水流治理黄河的方案。他建议在小浪底水库坝前形成浓缩漏斗，人为地增加水流含沙量和细颗粒泥沙的含量，调配成理想的高浓度含沙水流，引入两岸专修的放淤渠道，向两岸大面积放淤。

调水调沙更加符合黄河泥沙的自然规律，把减轻下游河道淤积，提高主河槽过洪能力作为水库综合利用的内容之一，使水库调度进一步科学化、符合黄河的特点，开创了人类自主调控黄河水沙关系、冲刷下游淤积泥沙入海的先河，成为人类由被动治黄走向主动治黄的一个转折点。2002 年、2003 年，治黄工作者利用小浪底水库，进行了连续的、大空间尺度的调水调沙原型试验，两年累计冲刷入海泥沙近 2 亿吨，河道过流能力恢复到 100 至 400 立方米每秒。但是，考虑到黄河水少沙多、水沙极不平衡的特性，单凭调水调沙还不能完全解决黄河下游河道的泥沙淤积问题。

第六节 改 道

针对黄河河道泥沙淤积、决口泛滥不止的难题，从古至今，主张在黄河下游改道的人很多。

早在汉武帝年间，齐人延年上书，提出将黄河裁弯取直，从内蒙古托克托附近，改道东流注入渤海。这是一种不切实际的空论，是根本不可能办到的。真正从黄河下游的实际情况考虑，首先提出改河主张的是成帝鸿嘉年间的丞相孙禁。其后，琅邪人大司空掾王横也是这种主张的倡导者。孙禁的意思是使黄河自平原以下改道经笃马河入海。这里入海的流程近，水流自然较为顺畅。如此，清河、信都、渤海三郡的水就可以消落。凡是河水泛滥过的土地，由于河水落淤，干涸后会更加肥美，足以补偿因改河所造成的损失。同时，每年还可以节省大量筑堤治水的人力。当时河决常泛平原郡，其地形自然比较低下，而且又有笃马河谷可供利用。应该说，孙禁的主张在当时是大致可行的。王横的改河主张，是不同意河经低洼地带入海。因为河经低洼地带入海，将受海水的顶托，导致河在海口一带泛滥成灾。他建议把河改到太行山东麓的山脚高地上来。河走高地存在不少问题，譬如防洪、侧渗影响等，将会带来很大害处。但王横首先注意到了海水涨落对黄河海口河段变化的影响，这是难能可贵的。汉哀帝时，待诏贾让提出了著名的“治河三策”，其上策就是在今河南滑县西南决堤，放河使北入海，进行人工改道。贾让建议改道的流路，本为古大河故道，地形上已经比当时的河床低洼，因此贾让主张黄河从遮害亭一带改道北流，从地形上看是有可能的。

明嘉靖初年,光禄少卿黄绾也提出过在下游使黄河改道北入渤海的意见。后来又有人提出“大裁弯”方案，让黄河从兰州改道入渭河，在潼关附近汇入黄河。为了减少进入黄河下游的洪水，明代万恭则提出了支流改道的建议，主张将右岸的支流伊、洛、涧等改道南流归于淮，将左岸支流沁、丹等改道北流归于卫，这一区间正是黄河第二个清水来源区，距离下游最近，输沙作用更显著，截走一部分清水，将使下游河道淤积更为严重。

清代基本维持明末的河道，使黄淮并流入海，下游决溢灾害甚为频繁。从清初的胡渭、孙星衍，到乾隆年间的陈法，直到清末的魏源等，都力主黄河改道北流由大清河入海。魏源的《筹河篇》写于清道光二十二年(1842 年)。他认为人工改道为上策，否则，黄河也要自然改道。果然，被魏源不幸言中，13 年之后，清咸丰五年(1855 年) 3 月黄河决于河南铜瓦厢，改道东北流，经大清河入渤海了。

清乾隆年间,赵翼在治河方面曾提出两河轮换行水的新设想。一条是“北流故道,合漳、沁之来水入会通河,由清、沧出海”,另一条“就现在南河(即明、清故道)大加疏浚，别开新路出海”。“虽有两河，而行走只用一河，每五十年一换。如行北河五十年，则预先浚南河”“及南河将五十年，亦预浚北河”。赵翼设想通过不停顿的疏浚来维持两条“深通之河”，而黄河下游河道每年淤积泥沙达数亿吨之巨，要投入大量劳力才能挖除，这不仅在古代是一项沉重负担，即使在科技发达的今天，用机械清淤，也是一项耗资巨大的工程，因此事实上是很难行得通的。

新中国成立后，一些专家提出了在黄河下游改道的几种方案。

有的专家提出“废弃悬河，重建新黄河”的改道方案。主张从北岸秦厂到黄河入海口，新修一道大堤作为左堤，利用目前左岸黄河大堤作为新黄河的右堤。新河主槽宽约 3 公里，两岸滩地宽 3 公里，当时估计需迁移人口 100 万，投资 40 亿元，为了控制新黄河不再淤高，需每年从丹江口水库、长江三峡水库引水刷黄。有的专家提出“清浊分流”改道方案。主张从小浪底水库以下或沁河口开始，到徒骇河入海口，修一道新的左岸大堤，与现在下游左岸大堤组成一条新河道，作为水库下泄清水通过的运河，同时发展航运，而现行黄河河道只作为泄洪、排沙之用。有人提出“大裁弯”的方案，即黄河从兰州改道入渭河，裁弯取直。有的人认为黄河的规律就是改道，叫做“走南闯北”，从河北的静海到苏北的云梯关，南北来回走，现在又走到中间了，与其让黄河自然改道，不如让其人工改道更主动。有的人则认为黄河年年淤高，总有一天要改道。

尽管历史上大改道的提议呼声很高，但当时的最高决策者均没有采纳。究其原因，主要是由于改道占地过广、迁移太难，影响水运、工程量大等诸多因素。

历史上将人工改道作为治河的主要对策，而且先后三次组织实施，历史上唯宋一代。宋景祐元年(1034 年)，黄河自河南濮阳东决口，北流入海。此后几十年间，就北流还是东流回河，先后进行了三次大的争论，上至皇帝，下及群臣，许多人都参与了争论。司马光、王安石等东流论者看到北流出现的灾害，认为东流可以防辽、减灾。反对回河、主张北流者包括欧阳修、苏轼等，他们认为北流地势低下，利于行水。而东流有防辽之名而无其实。以及回河不但人力、物力不允许，而且会引起“流亡盗贼之患”，危及赵宋王朝的根本利益。因此，黄河不宜回河，也不宜东、北分流。北宋统治者最终三次回河东流，但都因逆水之性，强使河水回到已经淤高的故道中去，加上没有对故道进行全面的疏导，河道又过于狭窄，因此回河不久就失败了。给宋代经济带来了很大负担和损失。

第七节 放 淤

利用黄河流域多沙河流放淤造田和肥田，在战国时期已有记载，历代都有实施。北宋熙宁时期，秘书丞侯叔建议，利用灌溉和放淤，开发汴河两岸的不耕之地，这一意见被采纳，由此掀起了一个前所未有的放淤高潮，涉及黄河下游、中游等广大地区。当时的人们主要将注意力放在了农田水利开发上。但引黄放淤在改良黄河下游土地的同时，也客观上减少了河道泥沙的淤积，使黄河的治理与开发有了“变害为利”的第一次亲密接触，把黄河的水沙综合利用提高到一个新的历史阶段。即使今天，仍然具有指导意义。

利用泥沙放淤固堤始于明代。万历年间的万恭、潘季驯提出堤外滩地落淤和固堤放淤的办法，当时主要是在格堤之间落淤，或用来淤高缕堤背后洼地，或用淤滩的办法来代替修筑缕堤等。明万历初年(1573 年)，总理河道万恭根据河南虞城县一位秀才的建议，首次在黄河上进行了实施。清代康熙后期到道光前期，固堤放淤在治黄史上曾形成一个高潮，主要用于险工埽后放淤，决口坑塘放淤及月堤内放淤等。

系统的提出用放淤的办法来解决黄河问题，则是新中国成立后，以林一山为代表提出的观点。他认为黄河是一条宝河而不是害河。黄河泥沙多，主要是没有很好利用才被认为是一种灾害。近代治黄指导思想上的主要错误，在于只是用被动防御的办法，想方设法把黄河水沙资源送往大海，而不是从发展农业上想办法，把黄河水沙“喝光吃净”。他主张在上中游充分利用水土资源，在下游广种水稻，让华北变成江南。他认为，通过大放淤，下游两岸地面的上升速度，可以超过河床上升的速度。此外，还曾提出滩岸放淤的方案以减少下游河道淤积。黄万里的“分流排沙”实际上就是分流减洪与放淤固堤相结合的治河主张。

针对黄河泥沙多的情况，以黄河水利委员会勘测规划设计院高级工程师温善章为代表，还提出了构筑“相对地下河”的主张，即利用黄河含泥沙量大的特点，通过下游两岸引黄涵闸和吸泥、挖泥等设备，引黄河水淤高两岸大堤背河一定宽度以内的地面，直到大致与洪水位相平，使下游河道约束在两条岗岭之间，形同于在地面之下行河，并随着河道的淤高，不断淤高两岸地面，始终保持“相对地下河”。这是“以河治河”，以两岸地面的淤高与河道淤高相抗衡。既达到防洪安全的目的，又减少了工程投资。

放淤是一种与发展农业生产紧密结合的观点。后来实践中发展起来的大规模下游引黄灌溉就是这种主张的一种延伸。新中国成立后，提出淤背固堤。从 50 年代开始实施，通过涵闸、虹吸、扬水站、吸泥船等引黄河水至背河淤区沉沙固堤，成为今天黄河下游堤防加固的重要措施。但是，寄希望于把黄河水吃光喝净的观点，显然客观上是不可能实现的。同时限于当时的认识水平，忽略了生态环境用水的重要性。

目前黄委在黄河中游峡谷段与下游冲积平原交界处的小北干流地区实施了大规模的人工放淤试验，其目的是将来自中游黄土高原多沙粗沙区的粗沙，通过引洪放淤、淤粗排细，滞留在小北干流两岸边滩地，从而改善进入下游河道的水沙条件及泥沙组成，尽可能拦减对黄河下游河道淤积影响严重的粗颗粒泥沙，降低潼关高程、延长小浪底水库减沙运用的时间、减缓下游河道的淤积。

第八节 河道疏浚

“疏浚说”是由北宋著名文学家欧阳修首先提出来的。他的治河主张是“因水所在，增治堤防，疏其下流，浚以入海，则可无决溢散漫之虞”。并认为“河之下流，若不浚使入海，则上流亦决”，建议“求入海路而浚之”。王安石也主张浚河减淤，并支持采用机械疏浚河道的技术。宋神宗熙宁六年（1073 年），在王安石主持下成立了专门疏浚河道的“疏浚黄河司”。李公义首先“献铁龙爪扬泥车法以浚河”，后来嫌重量太轻，由黄怀信与李公义一起研究改进，又制出了浚川耙，这是治黄史上用机械疏浚河道的开始。

其后明清两代均有人用多种拖具在黄河上进行疏浚。如明吴桂芳用“混江龙”于桃、伏、秋汛期间，在淤浅河段拖淤。清代靳辅创造了“浚船铁扫帚”，在引河下游及徐州至海口河段拖淤。乾隆年间，总河白钟山曾组织浚船 190 只，每船配浚兵 8 名，在河中来回浚扒。道光年间，河臣张井曾调集若干船只，配备翻泥车、铁扫帚等器具，自上年 9 月至下年元月，逐日上下拉扒，据说均有一定效果。

清咸丰五年(1855 年)铜瓦厢决口后，黄河夺大清河入海，山东河段及海口的淤积日趋严重，除沿用前人方法开展拖淤外，还曾利用小火轮长龙舢板拖淤。后来张耀创平头圆船挖淤，并经张耀、赵尔巽、李鸿章等人订购德国挖泥船在黄河试挖。拖淤一般有两种方式，一种是将铁扫帚、“混江龙”等浚淤工具用绳系于船尾，沉入河底，然后行船来回拖曳，松动河底的淤积物，使沙随水去，河道日益深通。另一种是将船固定于需要疏浚河段的两端，以船上的滑车来回绞拖河底浚淤工具，达到搅动河底淤沙的目的。

本世纪初，外国治河专家也有人建议用拖淤的办法解决下游淤积问题，如 1931 年方修斯曾提出用泥犁疏浚下游河道的方案。他主张每 20 公里备一具泥犁，借水流之力自行推进，亦可在轮船上装泥犁来回拖曳，由下而上，逐段进行。

新中国成立后，黄委仍不时收到类似古代拖淤的治黄建议，有的同志还提出水下机械，以及“水蝴蝶”、“水风筝”等利用水流作动力，自行拖淤的新颖设想。还有人提出在河底预铺分布孔洞的管道，加压水流和气流搅拌河底泥沙的办法，等等。黄委也组织力量在三门峡潼关段和山东段分别进行了拖淤和挖河的实践，以改变这些特定河段的河床高程。为降低三门峡潼关段的高程，人们发明了高压射流船，利用高压水枪冲击河床，将泥沙冲起，利用水流的自然力量将冲起的泥沙输送到库区，从而达到疏浚潼关段河道的目的。在山东黄河段，人们利用黄河“地上悬河”的特性，利用虹吸的原理，将高含沙水流吸到大堤外放淤，从而减少河道淤积。在河道干涸的时候，则组织机械、人力挖河固堤，疏通河漕，1998 年黄委就在山东黄河段进行过一次挖河固堤的实践。一般认为，机械拖淤的办法，在含沙量小、淤积物颗粒细的小河上容易见效，在疏浚河流入海口和库区河流拦门沙方面也有一定效果，但在高含沙的黄河，恐难解决下游河道淤积问题。

第九节　河口治理

主张河口治理的重点在于认为河床比降不足是黄河下游发生“悬河”的主要原因。

清代阮元就提出了海口日远、运口日高的新见解。他主要阐明了由于海口延伸，而使海口以上河道发生溯源淤积，影响到运口河床的抬高，以致淮水不能入黄。明清两代“以堤束水，以水攻沙”的治河方策执行了数百年，而黄河河床还是不断淤积上升，就是这个道理。实践证明，阮元这种见解是正确的。清代对海口的治理也开始注意，康熙年间，总河董安国提出在河口段改道的措施，其后的张鹏翮开大通口，并开挖引河，使大河北流，断绝十余年的清流会黄入海。

随着黄河三角洲的开发，许多专家提出通过河口治理，增加黄河下游段比降，溯源冲刷黄河的思路。林秉南院士等提出引海水冲刷黄河河口段，即在三角洲平原开挖长约 50 公里的引海水渠道，通过一个大型抽水站，抽取海水，引入黄河河口段上端，人工增加该段河槽下泄水量，以冲沙入海，达到治理包括河口在内的黄河下游河段淤积问题。侯国本教授提出在河口地区挖沙降河、挖沙造地、挖沙取水、以电换沙。抽沙挖深河口，反馈冲刷可降低河床。吸出的泥沙可抬高地面高程、改良三角洲地区的盐碱地，吸出的淡水可以满足当地工农业发展的需要，实现资源置换。而且他认为当挖沙到一定深度，原来在河床上以潜流形式流入大海的大量淡水资源就会露出地表，既减少了断流威胁，又增加了可用水量。

溯源冲刷是一个成熟的理论，在黄河河口地区也被多年实际观测证实，黄委、水科院和清华大学还曾经成立了专门的课题组对引海水冲刷黄河河口进行研究。但就挖河而言，挖出的河槽很容易被洪水回淤填平，而且溯源冲刷的效果与水量、距离等都有直接关系，在当前黄河水量不足的情况下，能否通过河口溯源冲刷实现黄河下游变成“地下河”,还存在不同的认识和争议。而且引海水冲刷还会造成河口地区严重的生态问题。

此外，还有一些专家提出利用潮汐、洋流等海洋动力，辅以建导流堤、拖淤等办法，治理河口拦门沙，从而形成溯源冲刷、减缓黄河河道淤积的设想。原山东省政协副主席李殿魁，曾长期在河口工作，就曾提出“三约束”理论，即河床、堤防硬约束，河滩植被生物约束，海动力和地转流克氏力的牵引性约束，来指导治黄，大致就是通过河槽束水攻沙，滩区植被滞洪，海洋动力拉沙来实现河道稳定、防洪保安全。

第十节 水库拦蓄

修筑拦河大坝这样的大型水利工程来治水，是随着工业文明的发展和近代科学技术的传入，筑坝技术得到大发展的 20 世纪才逐渐兴起的。

李仪祉首先提出在黄河干流修建蓄滞洪水库的主张。1935 年，当时的黄委挪威籍主任工程师安立森，与中国工程技术人员，第一次对小浪底、八里胡同、三门峡三座坝址进行了比较，其后日本人、国民政府都曾组织查勘，研究河段开发、水库建设问题。

拦泥库也是利用水库治黄，其着眼点是利用水库拦蓄泥沙，这一方面主张以汪胡桢为代表人物。他认为在水土保持尚未确实取得效果之前，必须有一个过渡性措施。在黄河干支流上修建拦泥库，就是最合理的过渡性措施。他主张在黄河干流建碛口、龙门两座大型拦泥库，拦截北干流来的泥沙；在泾、洛、渭河上游的大支流上，各建一座中型拦泥库，拦截泾、洛、渭河流域来的泥沙。拦泥库主要拦粗泥沙。水库有效运用年限按 50 年以上设计，以便与预计完成水土保持工作的时间相适应。

新中国成立后，1955 年国家通过了治黄历史上第一部综合规划，这个规划的一个主要特点就是对黄河进行梯级工程开发，以干流骨干水利枢纽工程为核心，对水和泥沙进行控制和利用。规划明确提出要在黄河的干流和支流上修建一系列的拦河坝和水库，拦蓄洪水和泥沙，防止水害；调节水量，发展灌溉和航运；建设一系列不同规模的水电站，取得大量廉价的动力。王化云高度重视水库的拦蓄作用，他认为，依靠黄河干流上的小浪底、三门峡、大柳树、碛口、龙羊峡、刘家峡、龙门七大骨干水库，形成全河比较完整的综合利用的工程体系，从而搞好干流的治理开发，是治黄的关键。

新中国成立后才实施的跨流域调水，对当时国民经济和经济社会的稳定发展起到了重要的保证作用，也得益于水库的水资源调蓄作用。

目前国际上也有一种观点，就是拦河坝对河流生态影响很大，像美国密西西比河等河流在下游就没有建设防洪水库，因此还出现了否定水库作用的看法。但总的来看，水库的综合功能和巨大作用显然使人们无法放弃这种方法，但也提醒人们更加谨慎地应用。

第十一节　调水冲沙

调水冲沙的思想来源于跨流域调水以解决黄河流域水量不足，满足经济社会发展需要，并最终形成了通过跨流域调水来调节黄河水沙不平衡，实现冲淤平衡或基本平衡的思想。

随着流域经济社会的不断发展，黄河水资源短缺的问题日趋严重，黄河水少沙多的矛盾越来越突出，因此新中国成立后，有人提出南水北调、调水冲沙势在必行，是解决黄河泥沙的根本途径。从 1952 年开始，有关部门就开始针对南水北调组织查勘，研究调水线路。当时有人估算，如果中线从长江调水 100 多亿立方米，黄河水量达到 600 多亿立方米，或汛期水量达到 400 多亿立方米，黄河下游即可不淤或微淤，下游可实现长治久安的局面。王化云就指出：南水北调不仅可以兴利，而且可以冲沙。水少沙多是黄河复杂难治的根源。要解决这个矛盾，从水量丰沛的长江调少量水到黄河上，是可行的。他认为，西线调水，通过黄河干流各梯级水电站时，可以增加较多的发电量，最后才用于冲沙。从整个黄河流域水资源平衡考虑，西线调水是解决黄河水资源不足的根本措施之一。

我国的南水北调工程，是当今世界上规模最大的跨流域调水工程，几十年来，经过反复的调研论证，已经形成了东、中、西三条线路。这三条线路，与长江、淮河、黄河、海河四大江河相互联结，南北互济，优化配置，将使我国的水资源形成“四横三纵”的总体格局，从根本上缓解我国北方地区水资源严重紧缺的状况，对促进我国经济社会的可持续发展具有十分重要的作用。调水冲沙需要解决的主要是巨大的成本问题，河运清浊相交，还可能对运河渠道和受水区造成巨大的淤积问题。

目前南水北调工程已经实施。南水北调工程包括东、中、西三条线路，目前东、中线已经开工。东线工程是从长江下游的扬州江都段引水，通过13级抽水台阶和黄河河底隧道，将长江水引到天津及河北地区。东线调水工程主要解决黄淮海平原东部地区缺水问题。中线工程是引长江湖北丹江口水库水输往北京，主要解决京津、沿京广铁路城市用水和华北环境用水，兼顾农业用水。西线工程是从大渡河、雅砻江、通天河调水150亿立方米到黄河上游，供宁夏、内蒙古、陕西、山西用水。此外，也有专家提出小江调水经渭河入黄的方案，但争议比较大，可行性有待研究论证。

当前南水北调开工工程的着眼点主要在解决华北和西北地区缺水问题，如何统筹考虑，解决黄河冲沙用水，目前比较多的观点是留出黄河的生态冲沙用水，多余水量以供定需，不足部分则通过南水北调供水解决，从而既解决了黄河淤积问题，也解决了流域水资源短缺、经济社会发展受到制约，以及跨流域调水的运营成本问题。

第十二节　综合治理

历史上第一个提出综合治理黄河思想的是西汉的贾让。西汉后期，朝廷多次下诏征求治河之策。汉哀帝初期，待诏贾让应诏上书，提出了自己的治河见解，受到朝廷重视并部分采纳。贾让在治河必使河道“宽缓而不迫”的思想基础上，提出了治河的三种方策，史称“贾让三策”。贾让的上策是改河，他认为可以“河定民安，千载无患”。中策是穿渠，一则可以灌溉水利，放淤改土、通漕航运，更主要的是能分减洪水。下策则是继续加高培厚原来的堤防。“贾让三策”尽管有一些不切实际的方面，但它作为中国最早的一篇系统论述黄河治理的规划方案具有深远的历史影响，它所包含的人工改道、分洪、修堤、建闸、发展灌溉、放淤改土、航运等综合治河兴利的主张，以及滞洪、宽堤距等思想，至今仍具有借鉴意义。不过，“贾让三策”的治理对象还仅限于下游。

总的来说，我国历史上的治黄方略，大都局限于下游，多侧重于某一个方面。直到本世纪20年代初，我国近代著名水利专家李仪祉在总结历代治河经验和吸收西方先进科学技术的基础上，才打破传统的治河观念，提出了比较全面的治河方略，成为我国运用近代科学技术主张全面治河的开路人，被永远载入治黄的史册。

他首先提出的“治理黄河要上中下游并重，防洪、航运、灌溉及水电兼顾”的观点，开创了“综合治水”的先河，从而把治黄理论与方略向前推进了一大步。他在《治黄意见》中提出“治河之要，在上中游应速开渠道，以分水量，籍资灌溉，并应广为造林，以遏沙患，在下游应认真堤防治导，在尾闾应修挖河口，使水畅流入海”。以进一步削减下游洪水。他还主张在上中游黄河干支流设水库，切制洪水，避免沙淤。

李仪祉首次提出了粗沙、细沙的概念，明确指出粗沙来自龙门以上两岸，细沙则来自汾河、洛河、泾河、渭河等支流。他认为应把治黄重点放在西北黄土高原上，提倡治理黄河与发展当地的农、林、牧、副业生产相结合。李仪祉主张在上、中游植树造林，减少泥沙的下泄量，同时在各支流“建拦洪水库，以调节水量”，并且于“宁夏、绥远、山、陕各省黄河流域及各省内支流，广开渠道，振兴水利”，他根据实际情况提出的在上中游地区培植森林、平治阶田、开决沟洫、立谷坊、设水库等主张，把中上游的治理方法向前推进了一步。

李仪祉的治河思想中，仍以下游防洪为治黄的首要任务。他提出以防洪为主，兼顾航运、灌溉、发电等。他建议按照山东的方法放淤改良豫、冀、鲁碱地的办法，开发黄河干支流水电，建设水电厂。对黄河通航方案也提出了具体设想。由于社会制度等条件的限制，李仪祉的治黄方略当时未能实践。

张含英是继李仪祉之后我国著名的水利专家。1947 年拟定《治理黄河纲要》80 条，是他的治河思想的概括和总结。他主张“防患与兴利并办”，达到“以河养河”、“以河裕国”的目的。他认为“治理黄河之方策与计划，应上、中、下游统筹，本流与支流兼顾，以整个流域为对象”进行综合治理。“治黄不宜视为单纯之水利问题，尤不能存为治黄而治黄之狭隘心理，必抱有开发整个流域全部经济之宏大志愿。”张含英的上述远见卓识至今仍有现实意义。

李仪祉、张含英打破传统的治河观念，主张上中下游全面治理，综合开发，除害兴利等治河思想，对后人治河均有指导意义。

王化云可以说是工业文明时期治黄思想的集大成者。王化云从事治黄工作 40 年，是人民治黄的开拓者，是历史上在任时间最长的河官。他在长期的治黄实践中逐渐形成了一套自己的治黄思想，先后总结提出了“除害兴利、综合利用”、“宽河固堤”、“蓄水拦沙”、“上拦下排、两岸分滞”、“调水调沙”等一系列治黄方略，他总结提出了“拦”（拦水拦沙）、“用”（用洪用沙）、“调”（调水调沙）、“排”（排洪排沙）综合治理黄河的指导思想。他的这些思想对新中国黄河治理开发方略的形成和新中国的治黄实践都产生了重大影响。王化云因而被尊称为一代河官，他的半身铜像也作为唯一的人物塑像，被安放在黄委的指挥调度大楼前，静静地注视着新一代的治黄儿女们。

宽河固堤指黄河下游河南段宽河防洪。王化云认为黄河防洪的长期性，决定了宽河固堤也是长期坚持的方针。他指出，黄河下游河道上宽下窄的特点，同黄河水少沙多、峰高量小的特性是相适应的。宽河道有削减水势的作用，遇到大洪水可以滞洪削峰。宽河道还可以淤滩刷槽，水涨漫滩，水流变缓，泥沙便大量淤积在两岸滩地上，清水归槽又能冲刷河槽，从而缓解河道淤积。宽河的作用在于削峰滞洪，固堤则是防止决口的关键。

除害兴利、蓄水拦沙即通过修筑干支流水库、在西北黄土高原进行大规模的水土保持和造林种草，把洪水和泥沙拦蓄在黄土高原的广大土地上、千沟万壑中和干支流水库里，实行“节节蓄水，分段拦沙”，解决西北水土流失和下游改道淹没的灾害，实现电力、灌溉、航运、供水等综合效益，达到“综合开发，除害兴利”。

上拦下排、两岸分滞是王化云在三门峡的实践基础上提出的治河思想，即一方面在黄河中游依靠流域面上开展水土保持，发动群众打淤地坝，造林种草，在干支流修建拦泥水库和拦泥坝等。另一方面在下游加强河道防洪能力。两岸分滞则是通过滞洪区和东平湖水库等增大两岸分滞能力。

他提出治黄指导思想上一定要立足除害兴利，要将洪水、泥沙作为一种宝贵的资源，使黄河水沙资源在上中下游都有利于生产，要用洪用沙，多用“浑水”。他认为黄河的症结是水沙不平衡，黄河的治理与开发，应该建立在黄河不清的基础之上，以相对平衡论作为治河的理论基础。他明确提出黄河下游不宜改道也不需要改道，应该将黄河防洪作为一项长期任务，始终放在今后治黄工作的首位；要长期坚持不懈地搞好水土保持工作，并应坚持首先保水，保水才能保土，才能收到综合治理的效果；要进行全河水资源统一调度以发挥最大综合效益；从长远看需要实施南水北调等，这些思想都充满了真知灼见，使人们对黄河的认识更深了一步。

他在《我的治河实践》一书中对自己的综合治黄设想进行了充满激情的描述：在干流修建若干座拦河枢纽工程，使黄河变成梯级化的河流。以多沙粗沙区的支流治理为重点，以坝库体系建设为主，与面上的植被等各项水土保持措施相结合，进行综合治理，使洪水泥沙在当地得到充分利用，构造侵蚀基准面得到普遍抬高，坝库体系基本处于相对平衡状态，进入黄河干流的泥沙大量减少，黄土高原的生态环境得到根本改善。通过西、中、东三条线路南水北调和干流七大水库的充分调节，使黄河水沙基本实现平衡。进入干流的泥沙，除再被利用一部分以外，剩余的部分都可以输送到河口地区填海造陆和淤高滨海地面，黄河下游河道不再淤积抬高，防洪问题得到根本解决，黄河两岸不再有洪水、凌汛的威胁。随着干支流水利枢纽的建设，充分发挥其综合功能，使黄河水电资源得到充分利用，满足工农业和人民生活的需要，使黄河成为我国重要的能源基地，使航运、旅游、水库养殖得到大发展。

第二章 历史的抉择

——历代治黄方略的发展变迁

思想可以百家争鸣，指导实践的方略在历史长河的每一个时间段却只能有一个。当治黄思想与社会生产力相结合，便被赋予了现实的生命力，指导人类开展治理黄河实践的治黄方略就应运而生。随着朝代的更迭、历史背景的变幻，受到河道变异、漕运、军需、政治、经济形势等不同因素的影响，不同的治黄思想上升为治黄方略，不同时期的治黄方略也因此发生着变化。

第一节 远古时期的障洪与疏流

远古时期，居住在黄河下游平原的人类，生活资料主要靠采集现成的天然产物，居无定所，生产力极其低下。原始人类除了自身之外，没有许多东西需要保护，也没有能力同洪水进行斗争，对洪水只能采取逃避的方式，“择丘陵而处之”。

原始农业生产方式的出现，对于社会的发展有着极其巨大的意义。他为人类提供了比较可靠的生活资料来源，引导人们从游牧生活过渡到农耕定居生活，也因此产生了防御洪水、保护家园和生活耕地的需求。

进入全新世后，全球气温不断上升，到距今 8000 ~ 3000 年之时达到高温期。这时降水量明显增多，空气的湿度明显增大，河水的径流量和洼地的蓄水面积也扩大了。尧、舜、禹时期，黄河流域曾经发生大规模的水灾。尧担任部落联合体首领时，“鸿水滔天，浩浩怀山襄陵”，“五谷不登，禽兽逼人”，住在河畔湖滨的百姓纷纷逃往高埠山陵。治理水害，发展生产，成为当时人类发展的重要内容，于是便有了共工和“鲧障洪水”的传说。

共工采用“水来土挡”方法治水，曾收一时之效；鲧沿袭此法，所谓“鲧障洪水”却遭到失败。而继之的大禹，在修筑障水工事的同时，主要用“疏川导滞”的方法，最终平息了洪水。

大禹治水策略的影响深远。孟子说“禹之治水，水之道也”。汉代以后就把大禹神圣化了，在“法先王”思想指导下，扩大大禹的功绩，夸大“疏”的效果，认为是千古不变的治河策略。以至到明代中叶才明确地表白筑堤对治河的作用，直到清初才提出“师古”的前提下“酌今”行事。

作为人力时代的象征。大禹治水的传说在治河史上处于这样的阶段，在它之前，防洪主要依靠堤埂和土围子，而在春秋战国以后，又演变为以系统堤防为防洪的主要手段。大禹的疏导思想，迈出了治黄思想的第一步。围障洪水的方法，对付不大的洪水可起一时之效，但一遇较大洪水就难奏效，洪水一漫即溃，更不能保护较大的范围。“疏”利用“水流就下”的规律，依照自然地形特点，疏导洪水，引水入海，能进一步约拦水势、控制流路。当时确实收到了较好的效果。从简单的“障”到因势利导的“疏”，从修筑堤埂和土围子，以保护主要居住区和临近的田地为目的，被动避洪，到根据黄河河流的自然特性，主动引导黄河的流向，使泛滥的洪水远离居住区和田地。是人类认识自然、改造自然的一次大的进步。“障”属于局部防洪，“疏”的治理范围更为广泛，但也需要更多的人力和组织，以及更准确地测量地形。但总的看，这一时期的人类生产力水平还很低，治水能力有限，主要以适应自然为主，在治黄方略上也强调避水势、顺河形。

第二节　筑堤防洪先秦始

伴随着农业文明的兴盛，人类开始从躲避洪水转变为抵御洪水，先秦时期开始了筑堤防洪，同黄河争夺土地的漫长斗争的新阶段。

春秋战国时期，正是我国从奴隶社会向封建社会过渡的大变革时期。生产力的发展引起了社会变革，生产关系的变革扫清了生产力发展的道路。战国时期的社会经济呈现了前所未有的繁荣气象，人口大量增加，生产力迅猛发展，农业、手工业、商业都有较大的发展。黄河下游被广泛开垦，城市村落鳞次栉比。因此，任黄河随意摆动的范围越来越小。由于黄河善淤、善迁，如果任其在广大平原上纵横漫流，必然严重阻碍人们生产生活的发展。新的社会经济发展水平，对黄河防洪提出了新的要求。要求扩大生产、生活空间，对河水具有更大的控制性。

随着金属工具特别是铁器的普遍使用，土石方工程技术已具有相当水平，人类开始主动出击，寻求通过沿河修筑长堤来减少洪水侵扰。由于列国的逐渐兼并，也为下游黄河修筑长堤创造了一个有利的条件。因为，如果下游两岸有很多小国，利害、意见不同，国力有限，就难以完成有系统的长堤。所以，规模宏大的系统堤防到战国时期才出现。这就是贾让所说的“堤防之作，近起战国”。春秋战国，河事的记载逐渐增多，从记载看，这一时期主要是通过沿着黄河修筑堤防来抵挡洪水，保护家园。西周王朝的大臣召公建议周厉王要实行开明政治，鼓励老百姓发表意见，否则“防民之口，甚于防川，川壅而溃，伤人必多”。这个故事说明，堤防作为一种防洪手段，在当时已是尽人皆知的事情。秦始皇统一中国后，“决通川防，夷去险阻”，铲除了阻障水流的工事，将各个诸侯国修建、分管的黄河堤防进行了统一规划和修建，形成了千里黄河大堤。宽大的河防大堤，还成了秦王朝交通四方的驰道。

堤防的出现，是治黄史上的一大进步，也是河工史上的一大进步。它显著加大了河床的容蓄能力，在一定程度上控制了黄河的流路，大大提高了防洪标准。堤防不仅成了当时、而且至今仍然是治河防洪的重要手段。堤也是一种“障”，但是更高级的，与疏导河势、规顺流路相结合的“障”。从疏导洪水，引水入海，到以堤防约束洪水，规顺河道，提高河道的行洪能力，减少洪水泛滥，这是古代治黄方略的第二个重要发展阶段。

第三节　宽河、分流自汉兴

汉代，是治黄思想大发展的时代。为了有效地与洪水作斗争，在长期治河经验的积累和深入实践的基础上，人们不断探索治河的办法，产生了分疏说、改道说、水力冲沙说等许多颇有见地的治河主张。西汉后期，待诏贾让分析黄河下游河道演变，提出“治河三策”。东汉明帝时期派王景治河，使黄河出现了一个相对安流的时期。天下一统的汉唐，开始了下游河道统一治理的新时期，宽河滞洪、分流杀势成为历代指导治河的主流思想和基本方略。

黄河是一条含沙量特大的河流，堤防可以避免洪水的泛滥横流，河槽的淤积则日益加重，河床便逐年抬高，河槽行洪能力日渐减小。到了西汉哀帝时，“河水高于平地”，“河高出民屋吻”诸如此类的记载多见于史书，说明西汉时期的黄河下游，至少已部分成为“地上悬河”了。加之民众在河滩内垦田、建房、筑堤，又缩窄了河床，阻碍洪水下泄，进一步加剧了主河槽的淤积。这都构成了河决泛滥的重要隐患。黄河洪水往往来势迅猛，汛期挟带泥沙的河水也具有更强的冲击力和破坏力，绵长的土堤很难抵御住洪水的袭扰。所以，与先秦相比，西汉时河患明显增多，及至东汉，黄河南侵不断扩展，黄河下游长期陷入水患频仍的困境之中。借鉴上古大禹治水“必遗川泽之分，度水势所不及”的历史经验，使河道“宽缓而不迫”，顺应黄河游荡的习性，宽河以杀水势，成为治河者的首选。贾让于战国时，左右两岸各去河 25 里筑堤，认为“虽非其正，水尚有所游荡”。他的意见，多为后人所遵循，主张“宽立堤防”的人，也常引此为据。

在当时的历史条件下，仅仅靠宽立的堤防，仍然不能完全解决洪水问题，河患频繁。汉代以后，遵循“按经义治水”的指导思想，从“疏川导滞”的经验出发，逐渐出现了分流以杀水势的主张，如贾让提出的分水北流，入漳河下泄。特别是宋元时期，分流的思想更加风靡，人们认为黄河为患的主要原因是下游河道行洪能力不够，“治遥堤不如分水势”，主张在下游多开支流。他们认为，黄河源远流长，洪水时期，波涛汹涌，下游河道过洪能力小，常常漫溢为患，“利不当与水争，智不当与水斗”，只有采取分流的办法，才能分杀水势，消除水患。充分利用下游支流、湖泽分流汛期洪水，也因之成为当时治河者高度重视的措施。

自王景治河后至隋代的500多年间，黄河下游河患较少，出现了一个相对安流的阶段。回顾这一次成效如此巨大的治理，我们发现存在许多因素。王景治理的下游河道顺直，河道也比较宽广，又在两岸设立了许多水门，削减了洪水、方便了洪水下泄。宽广的河道使河水中的泥沙能够淤在较大的范围内而不仅仅是淤在主河槽里，因而也延缓了河床的上升。而且当时黄河下游地势比较低下，分支很多，东汉以后，一直到魏晋南北朝时期，黄河下游仍有汴水、济水、濮水、漯水等许多分支，还有许多湖泽和旧的河道。汛期利用这些分支、湖泽、旧道，一方面能从大河分出部分洪水，削减洪峰；另一方面又可以分出部分泥沙，对防洪和减缓下游河道淤积是有利的。近海一带河水多股漫流，也有助于洪水下泄。

在这些地理现象的背后，我们不能忽视的历史条件是，从汉代到三国、魏晋南北朝，从隋唐到五代十国，战争与和平是漫长历史时期交替奏响的主旋律，人口一直保持在3000多万至5000多万之间。而且在和平兴盛的汉唐时期，人类在黄河流域的经济政治中心都在黄河中游、汾渭平原。隋唐以后，南方经济逐渐发展起来，成为供应北方统治中心的后方基地，也相对减少了下游治理开发的压力。当时黄河流域的人口压力，尤其是下游的人口压力也比较小，人地关系比较宽松。由此带来的结果就是：黄土高原的人口减少，自然植被得到一定恢复，减少了入黄泥沙。不过对当时的治理者来说，更重要的意义是，黄河下游，尤其是山东以下，人类不必与黄河水寸土必争，能够为洪水提供足够的发泄空间。也正是因为当时黄河下游地区人口较少，使王景治河新通道没有遇到麻烦和阻力。

黄河下游的洪水威胁一直是历朝历代的心腹之患。宽河、分流的主张指出了黄河下游汛期的行洪能力问题，并提出了针对性的解决方案，直到明代中叶以前，这一主张在治黄实践中一直占主导地位。不过不同于大禹的“疏导九河”，这种分流杀势建立在充分发挥堤防作用的基础上。从单纯建堤防以防洪到明确宽立堤防、分流杀势，这是治黄方略发展的第三个阶段。

第四节 失语的王朝

黄河是任何朝代都无法忽视的河流。面对如此暴虐恣肆、难以治理的黄河，历朝历代在治黄方面都无法掉以轻心。然而，综观农业文明时期治黄方略的发展历史，有些朝代在治黄方略方面却处于失重的状态，没有大的突破。这其中的缘由不能不引起我们的好奇而探究。

治黄方略大发展时期，往往在生产力迅速发展，国家统一、政治经济稳定强盛的朝代，隋代由于存在时间短没有治理黄河水害的记载。在魏晋南北朝、五代十国时期，黄河处于割据混乱，国弱民忧时期，又如何能够顾及黄河，顾及治黄方略的研究与确定，产生集体的失语也就不足为奇。

盛唐和大元，都曾拥有无比广阔的疆土、众多的民族，以及领先当时世界的繁荣和强盛，唐代唐德宗时的贾耽完成了我国历史上以黄河命名的第一部著作——《吐蕃黄河录》，唐代见于古籍的治河活动有三四次。元代曾有都实勘察黄河源头，以及贾鲁“疏、浚、塞”结合治河等贡献。但无一例外，它们在治黄方略发展历史中的地位都难以与其国家的强盛相匹配。究其原因，答案只能从经济社会的发展和需要中寻找。

唐太宗时期，将全国划分为十道，实际是一个根据地域分工的经济区，其大致可归为 5 个经济区，即关陇西北区、关东区、江南区、岭南区和巴蜀西南区。其中江南区是唐王朝财赋收入的主要来源。古谚说：两湖熟，天下足。江南的富足，使人竟幻想人生最大的幸福是：腰缠十万贯，骑鹤下扬州。而黄河中下游的平原地区即关东区，秦汉以后，遭受多次大的战争破坏，经济成果荡然无存，唐代以后虽然全面恢复，许多州郡表面又都恢复了繁荣，但由于破坏时间太长，恢复发展十分有限，在农业生产上没有取得真正的发展。由于唐王朝经济支柱是在江淮，所以必须经常运输东南的谷栗到北方，这样才能使整个国家机器正常运转，这说明漕运的重要性。但是唐室建都关中，江淮漕运不能直接送达，还需要经过黄河运转关中，这就遇到了难以克服的巨大困难。唐中宗时，关中大灾，文武大臣多次请求迁都洛阳，中宗气愤地说“岂有逐粮天子耶？”可见当时粮食运输的重要性和困难性。事实上，隋唐大运河和漕运，使南北经济、文化联系进一步密切而日趋稳固，从而有助于全国的统一。在海运尚未畅通，内地陆上交通尚未采用新式交通工具之前，南北水运的通道，一直是国内沟通南北的大动脉。因此，唐代中央政府治河重点多在整修水道、开凿运河、便利河运。为了克服三门峡段河道的险阻，统治者多次想改善这种状况，耗费大量人力、物力，先后任命将作大匠、地方长官整修河道，在三门峡凿山烧石，修栈道，开月河，以保障漕运。唐王朝还任命有专门的转运使负责漕务。因此，唐王朝视线的转移也就不足为奇了。由于缺乏需求的动力，新的治黄方略产生也只能继续等待。可见，经济社会的发展与治黄之间有多么密切而直接的关系。

元代实施了中华历史上影响深远的水利工程，但这项工程是连接南北的大运河，而不是治黄工程，在治黄方略方面并没有大的建树。究其原因，仍然是国家政权利益的驱使。一方面，元建都北方，但国家经济重心却进一步南移，元代在经济上奉行开放的政策，积极鼓励并参与同世界各国的贸易往来，使得中国成为世界上首屈一指的经济强国。而陆路尤其是海上丝绸之路的空前繁荣，无疑是元代经济发展的最直接动力，这也进一步推动了东南沿海地区的经济社会发展。研究海上丝绸之路的专家学者考证，当时的刺桐港（今福建泉州）是与埃及的亚历山大港并列的世界两大港口之一。另一方面，在战争洗劫之后，来自北方大漠游牧民族的统治者，由于传统生产方式的影响，更重要的是，面对广阔的土地，他们显然感受不到强烈的人口压力和土地危机，他们的国都也受不到黄河洪水的威胁。对于统治者来说，面对从自然环境到人文特点的巨大差异，他们更需要关心的，是如何保证庞大帝国内多民族的统治、各部分的协作和平衡，如何将南方的供给源源不断地输送到北方、北方的物资送达南方。表现在这个庞大帝国的宏大工程上，就是开凿南北大运河，试图在我国东部地区开辟一条连接京城大都与江南的航道。因此，元代的强盛和交融虽然惠及黄河的治理，但仍然无法改变整体失重的态势。

第五节　宋元的变奏

宋元时期仍然基本上遵循汉以来治黄方略的指导思想。但也出现了一些不同的变化，宋代的放淤、疏浚和元代的实证风格，都给历史上的治黄方略吹来一股不同的风。国防等社会因素对治黄方略的影响也在宋代表现得淋漓尽致。

宋代是一个充满矛盾的朝代。政治管理体制的臃肿、低效和社会的开放、创新共存于一体。一方面，宋的经济社会进一步发展，有宋之殷富更甚于唐之说。宋还在一定程度上改变了汉以来重农轻商的基本政策，纸币开始流通就是明证。尤其与众不同的是，同之前和之后的朝代相比，宋非常重视技术发展，在科技等方面取得了长足的进步。从太祖赵匡胤开始，历代君王也曾亲自监造舰船。有一批重要的发明创造产生于宋。活字印刷术、指南针、火药武器，中国古代科技的四大发明，有三项与宋人有密切关系，宋人发明创造的热情和活力不能不让我们叹服。另一方面，宋代的官僚体系弊端很多，导致在军事外交上长期积弱，时而冒进，时而懦弱，对外征伐屡战屡败，割地赔款不胜枚举。这种矛盾的现象也反映在治黄方略上：

一方面，宋人在黄河治理开发方面进行了许多大胆的探索。开启了我国历史上用机械疏浚治理河道泥沙淤积和大规模引黄放淤综合治理开发黄河的先河，在河工技术等方面也都取得了突破和发展。另一方面，则是大略难成。历史上以改道为主要治黄方略内容的唯宋一朝，但终北宋一代，三次回河，三次失败。

在宋代的人口、经济社会发展条件下，采取回流改道方略治河，造成的影响已经远远超过以往朝代。究其原因，固然有洪涝灾害、淹没良田方面的经济原因，但国防因素的影响不能不考虑。“以水代兵”防辽的考虑在很大程度上左右了治河决策，这也是宋代治黄方略形成过程中与其他朝代有所不同的地方。另外，当时经济社会中心已经从黄河冲积扇顶部中下游交界处扩散到整个南方的广大地区，基本处于黄河下游河道摆动影响范围之外。国家财物、粮食供给主要仰仗江南地区，更甚于前朝。河北、山东地区则由于黄河长期泛滥，经济衰退、人口较少，在宋朝整个国家经济中所占比重相对较小，东流故道地区经济尚未得到发展。这恐怕也是当政者能够承受、敢于实施的重要原因。

元代建立了疆域空前庞大的多民族帝国，是中国历史上最重要的民族大融合时期。它虽然在治黄方略方面没有什么大的建树，但元代治黄也显示出与众不同的特点，呈现出更浓厚的、不同于传统东方文化的实证色彩。元代曾有计划、有组织地考察黄河源头。元代至元十七年，即公元1280年，元世祖忽必烈派都实为“招讨使，佩金虎符”，率人到黄河源头进行专门的勘察和研究，取得了丰硕成果。元代郭守敬已经采用类似现在“海拔”的概念对河流地形进行测量，是历史上有记载以来第一次利用海平面作为基准点测量地形相对高低。元代还出现了不少水利方面的专著，其中《至正河防记》是现存较早的治黄专著，《泾渠图说》中则明确提出了水利学上表述流量的重要概念——徼。这样断面与时间联系起来，便成为流量的初步概念。这在水利学上有着重要意义。

元代黄河治理开发的实证色彩，原因恐怕在于元代的帝国有实力征调大批阿拉伯、波斯等地的科学、技术精英前来中国，使领先于世界的阿拉伯与波斯科学技术传入中国。元代是世界文化交流的一个高峰期，元代的科学技术达到了很高的成就，其中天文学、数学，甚至医学居于当时世界先进地位。应该说这些人类文明成果，尤其是一些自然科学技术知识出现在元代时期的中国，具有特别的意义。因为几千年来，中国在传统上一贯推崇“学而优则仕”及“重文章轻科技”的思想，讲究格物知致，不重视实证科学。这种状况在元代却有所不同,也在历代治黄方略的形成过程中吹入了一缕清新之风。

第六节　束水攻沙明清盛

明清时期，黄河泥沙淤积愈演愈烈，河道的紊乱超过了以往任何时期，大量湖泊的淤积湮废又进一步减少了调控下游洪水的空间，因此下游决溢频繁。明代中叶，人类已认识到治河必须治沙，治黄进入下游水沙综合治理阶段。伴随着在筑堤工程、抢险堵漏、埽坝工程、堵口工程等河防技术和堤防管理方面取得的改进和发展，治黄方略也进入以束水攻沙为主导方针的新阶段。

明清时期人口持续攀升，到清末已经超过了4亿。人地关系日趋紧张，黄河流域的土地开发已经基本饱和，明清时期耕地面积扩大再次达到历史新高峰，土地利用所造成的环境破坏也大大加剧，黄土高原土地开发已经发展到坡耕地，因此出现了全国性的生态退化，黄河流域尤其严重，水土流失不断加重，黄河泥沙淤积造成的危害日趋突出，成为治黄决策者不可逾越的难题。

明清的政治中心在黄河之北，但经济中心则在江南，为了“官俸军食”之所需，确保南北运河清运的畅通，漕运成了国家的基本国策，而漕运的畅阻，则视黄河的安危而定。因此，明清两代，对黄河的治理尤为重视。这时治黄的根本目的，已从防洪转到了保证漕运，防洪降为次要的任务。这从明代弘治六年(1493年)皇帝给治河工程大臣的指示中可以得到证明。诏书中说：“古人治河，只是除民之害。今日治河，乃是恐妨运道，致误国计，其所关系，盖非细故。”保航运面临的难题，仍然是泥沙淤积，阻滞航道。

在明代中叶以前，分流思想一直在治河实践中占据了主导地位。分流论者，只知“分则势小，合则势大”，但忽视了黄河多沙的特点。由于黄河多沙，水分则势弱，必然导致泥沙沉积，促使河道淤塞。主要是由于河道的输沙能力与流速的平方成正比，多开支流虽能分水势，但当黄河涨水处于冲刷阶段时，如分水不当，反而变冲为淤，把河道淤塞，这与清水河道的分流是不同的。因此，在明代前二百年中过度分流的结果，不但没有使河患稍息，反而造成了此冲彼淤，“靡有定向”的局面，加重了黄河的灾害。

鉴于分流不仅没有带来黄河的安定，反而使河道来往滚动，愈加不可收拾，人们不得不探索治理黄河的新途径。这一探索实际上从西汉时期就开始了。到明代中叶，潘季驯总结前人的经验，抓住黄河含沙量大的特性，提出了“以堤束水，以河治河”、“束水攻沙”、“以清释浑”等一系列主张。在束水攻沙的基础上，潘季驯又提出在会淮地段“蓄清刷黄”的主张，以进一步加大黄河下游泥沙的冲刷力度。“束水攻沙”也自此成为其后治河者遵循的主要方针。

治河的关键是黄河的“善淤”问题。“束水攻沙”治河方略利用堤坝固定河槽，相对缩窄河床断面，增大流速，提高水流挟沙能力，利用水力刷深河槽，以解决泥沙淤积问题。把过去单纯的防洪思想转移到注重治沙，把治水与治沙结合起来，这是治黄方略的一个重要转变。从宽河、分流杀水势以防洪的策略转变为窄河固堤，束水攻沙、防洪，这是治黄方略发展的第四个阶段。

第七节　工业文明与流域综合治理开发的新中国

工业文明给黄河及其治理带来了巨大的影响。自 19 世纪中期，外国的水利科学和计算技术传入之后，我国的水利技术发生了新的变化，出现了一个向前发展的新起点。

我国历史上的治黄方略，大都局限于下游，多侧重于某一个方面。20 世纪 30 年代以来，经过李仪祉、张含英、王化云等治河专家总结历代治河经验，吸收西方先进科学技术，打破了传统的治河观念，提出了比较全面的治河思想，将治理与开发真正作为一个统一的系统来看待。逐渐形成了治理黄河要上、中、下游结合，治本与治标结合，工程措施与非工程措施结合，治水与治沙结合，兴利与除害结合的综合治理方针。以新中国成立后 1955 年的第一个黄河综合治理开发规划为标志，治黄方略迈入了新的历史阶段。确切地说，这时候的治黄方略，全称应该已经是黄河治理开发方略。

1946 年，冀鲁豫黄河水利委员会成立，掀开了中国共产党领导人民治黄的新篇章。1955 年全国人民代表大会批准通过了治黄历史上第一个《黄河综合利用规划》，提出治黄要兴利除害。1997年进行了修订，《黄河治理开发规划纲要》通过国家计划委和水利部的联合审查，在治黄的基础上，进一步对水资源开发和水土保持进行了全流域的规划布局。黄河规划是治黄事业迈向新时代的一个历史性标志，与历史上众多的治黄方略相比，“黄河综合利用规划”具有鲜明特点：这个规划的编制是政府行为，批准后的规划就是指导治黄建设的依据；规划统筹考虑全流域的治理与开发；突出综合利用的原则；要求对水和沙都要加以控制和利用。在其后的实践中，治黄工作者逐步总结提出了“上拦下排，两岸分滞”防治洪水，“拦、排、放、调、挖”综合治理泥沙的指导方略。

在治黄史上，一个时期以一种治黄主张占主导地位，并不等于绝对排斥其他治黄思想和措施。特别是西汉以后，各种方略的争论和各种措施的配合是常有的情况。越到后代，多种措施的配套使用越是普遍。这也是治黄方略日益走向成熟的标志之一。今天的治黄方略，就是一个充分融合历代治黄思想经验，和生产力发展水平相结合的产物。

在新中国黄河治理开发方略的形成过程中，围绕基本思路，发生了多次大的争论，最终形成了以干流治理和库坝工程为主，防洪、水土保持、水资源开发利用相结合，综合治理开发黄河的格局。王化云长期担任黄河水利委员会主任，亲身参与了这些争论和方略的制定，从他对这些治理措施进行的评价和论述中，我们不难发现新中国治黄方略的形成脉络。

在基本思路方面的思想争论中，主要的分歧是大放淤思想和水土保持治本论。

大放淤主张的代表人物是林一山。林一山主张黄河的治理立足于用，制定水沙统一利用的计划，实行全线大放淤，简单讲，就是将黄河的水沙吃干喝净。王化云则认为放淤只是下游处理和利用泥沙的有效途径之一，治理开发黄河主要依靠干流，依靠枢纽工程。他认为，在黄河干流上修建水库，控制下游洪水，有其得天独厚的有利条件，因为黄河下游是“地上河”，花园口以下除汶河以外基本上没有大的支流汇入，在三门峡至花园口干流区间修建水库，可集中控制洪水。加之黄河洪水有峰高量小的特点，用较小的库容即可取得较大的拦洪削峰效果。小浪底水库建成后，与三门峡、陆浑、故县等干支流水库联合运用，即可将下游防洪标准由不到百年一遇提高到千年一遇。根据三门峡工程提供的实践经验，能修“峡谷、高坝、大库”的坝址几乎都在黄河干流上。支流上修水库能争取较大库容的地方，基本上都是好的川台地，是当地的粮仓和城镇所在地，淹没损失太大。再从黄河流域水电资源的分布情况来看，也是以干流为主，黄河干流可开发的水电资源就占全流域的89%。他认为治黄需要拦水拦沙、用洪用沙、调水调沙、排洪排沙，都离不开干流骨干水库的重要作用。所以搞好干流的治理与开发，是整个治黄的关键，干流七大骨干水库都上去了，全河形成比较完整的综合利用的工程体系，治黄的全局也就活了。他在干流开发中主张 “峡谷、高坝、大库”，以充分发挥水库的综合作用，这一原则也被当时许多治黄专家认同。

水土保持治本论者认为黄河的根本问题是泥沙问题，泥沙不治，黄河不治，黄河要根治，只有寄希望于中游水土保持，水土保持是治黄的关键，是黄河正本清源的根本措施，必须把它放在重要的战略地位。针对大规模的黄河干流开发和下游堤防加固，20 世纪六七十年代，有人认为当时治黄只重视下游防洪，忽视中游水土保持。王化云认为，通过水土保持减沙是一条重要的有效途径，必须长期坚持不懈地进行，但水土保持不是治理黄河的唯一途径，需要采取多种途径和措施来解决。从治黄的总体来看，黄河水沙不平衡的问题十分突出，通过水土保持、用洪用沙和支流治理、引黄灌溉、滩岸放淤、下游河道整治和河口治理等，还必须依靠干流七大水库联合运用，调水调沙，最终才能实现拦、用、调、排综合治理作用，使下游河道达到微淤或冲淤平衡状态，同时发挥防洪、灌溉、供水、发电等最大综合效益。

50 年代中期与 80 年代初期，科技学术界对黄土高原的农业发展方向与水土保持治理措施部署也曾掀起两次争论高潮。争论的焦点，一是生产发展方向（土地利用方向）中，农业、林业、牧业应当以谁为主；二是水土保持治理措施中工程措施与林草措施、治坡措施与治沟措施，应当以谁为主。争论的双方，虽然都各有其理，但根据黄土高原的实际情况，双方的论点都不够全面。王化云认为，从治理黄河、减少入黄泥沙的角度看，水土保持的生物措施和工程措施都是必要的，但主要起减沙作用的是坝库等工程措施。由于黄土高原面积广阔，自然和社会经济情况差别很大，因此黄土高原的土地利用方向与治理措施部署必须因地制宜，分类指导，不同类型地区、不同条件下，采取不同的处理措施，不宜笼统地提出以谁为主。1990 年 11 月国家计委批准实施的《黄土高原水土保持专项治理规划》根据上述原则，较好地处理了这个问题。这些规划正确地处理了农林牧用地关系，治坡与治沟、工程措施与林草措施的关系，对不同类型地区提出了因地制宜的治理模式，科学地指导了水土保持的开展。

应该看到，新中国黄河治理开发方略重视库坝工程作用，具有其必然性和客观性，是社会生产力发展的必然结果。工业革命给人类治水带来的最强大武器就是水库大坝，人类不可能忽视其具有的治理开发综合性功能。从当时的治黄要求看，水土保持是一项长期的工作，但历史上的黄河“善淤、善决、善徙”，三年两决口，百年一改道，新中国成立以前，决溢频繁，洪灾仍然是迫在眉睫的危机。黄河洪水存在大洪峰、小流量的特点。水库可以有效调节控制水沙，减缓下游河道的泥沙淤积速度，减轻下游防洪压力，为中游水土保持减沙争取时间。在水土保持方面，广阔的黄土高原地区地处干旱半干旱地区，尤其是水土流失严重的多沙粗沙区，降雨稀少而集中，缺乏其他水源补给，水地关系恶劣，生态环境脆弱。在人烟稀少、缺乏生物生长的自然条件下，生物措施缺乏相应的水资源保证，其发挥的作用缓慢，而且具有不确定性。库坝则是人类可以完全控制的治理手段，而且水土保持工程措施又能够改善水地关系，为生物措施发挥作用创造条件。所谓工程养生物，生物保工程就是如此。

第三章　跨越文明的历程

——人类治黄的三次飞跃

从人类起源到今天，随着人类生产力水平的不断发展，以生产工具和生产方式的变革为标志，人类经历了三次大转折，一次是从人类起源到原始人的转折，人类进入原始渔猎文明时期，旧石器时代的“制造工具革命”，使人类区别于其他动物，开始了作为高级动物存在于地球的人类进化史和生存发展史；一次是从原始人到农业人的转折，人类进入农耕文明时期，新石器时代的“农业革命”，使人类结束了完全依赖地球赐予食物的历史，从漂泊不定的采集渔猎走向定居式的农耕社会，从此人类开始了相对稳定的发展，翻开了一页新的人类文明史；第三次是从农业人到工业人的转折，人类进入工业文明时期，在人类文明纪年上第一个千年的后期发生的“工业革命”，使人类社会又摆脱了农耕条件下的生存困境，它百年创造的变化超过了过去历史的总和，开创了前所未有的大发展。伴随着每次大转折的是，社会经济文化政治等人类社会各方面的全面发展，是生产力和生产关系的飞跃，是生产工具和生产技术的历史性变革。人与自然的关系，从依存于自然到依赖于自然、再到改造自然，人类对自然的态度，也从自然拜物主义到自然优势主义的天定胜人、再到人文优势主义的人定胜天。与此相对应，人类治黄的指导方略也随之发生了巨大的变化，其核心支撑是生产力的变革，其标志是生产工具的发明创造和治黄技术手段的根本性变革。

第一节　渔猎文明时期——敬天、避水、疏流

渔猎社会是人类社会最漫长的时期，由于生产力低下，生活在这个社会的人类在生产手段上以人力劳动为特征，人类靠采集野果和渔猎为生，使用的是简单的石器工具，经常处于猛兽的侵袭和大自然灾害的威胁之中。社会结构上处于个体、部落阶段。这时期的人类只能现成地从自然界里获取食物，人类在自然生态系统中生存，仅仅是利用自然界的物质资源，还谈不上对自然环境的改造。渔猎时代，在人与自然的关系上，由于自然力异常强大，人们依存于自然，对自然非常崇拜，表现为自然拜物主义。这时候的人类虽然

有了自我意识，但在早期的意识里，人与自然往往混为一体，不同的氏族把不同的动植物作为崇拜的对象，形成图腾崇拜。在原始人眼里，作为图腾崇拜的动植物或其他自然物，与属于同是图腾氏族的群体和个体是一个整体，氏族成员和图腾之间有着血缘联系。原始人正是通过把自己跟图腾视为同一个整体，来扩大自己对自然环境的依赖。图腾崇拜说明了原始人在生产力低下的情况下，不得不依赖于自然、归属于自然界、融化于自然界的混沌同一性。

这一时期人类处于原始水利阶段，以适应、防御黄河为主，利用自然状态下的水资源。解决人类生存问题，成为原始水利阶段的主要目标。

从人类对水的需求看,这一时期的黄河子民基本上过着逐水而居的生活，为了寻找水地关系良好的空间而不断迁移，为了争夺这些水地关系良好的空间甚至采取了战争的形式。另一方面，在人类适应黄河的同时，人类也开始利用自己的力量，利用手中简单的工具，试图影响自然，改善自身的生产和生活条件。

黄河文明萌芽于黄河中游，由于黄河地势西高东低，黄河中游地区处在第二阶梯，因此在广袤的下游冲积平原上随意流淌的河水，对人类活动的影响不大。主要居住在河谷平原的先祖，尽情享受着肥沃黄土和甘甜河水的馈赠。可以说是享黄河之利而少其害。

中华民族先民的降生地及其最早的活动地区，大都出现在黄河支流的两侧而不是黄河的干流地区。从各地的考古发掘可以看出，从青海的湟水河两岸到山东的大汶河流域，黄河众多支流的两侧分布着数以万计的古人类活动遗址，而在黄河干流的两岸这种遗址却寥寥无几。这是因为远古人类的生产工具极其简陋，生产力水平极为低下，他们只能选择同他们的生产力水平相适应的地方居住、活动。黄河干流有的地段从高山峡谷中穿过，那里峭壁林立，崖陡谷深，水流湍急，既不便于人们提取用水和交通往来，也不便于开展生产活动。下游从开阔的平原上流过，那里又常常发生洪水泛滥，河流改道，使人类的生命遭到严重的威胁，人们避之唯恐不及。而黄河许多支流的两侧，往往有较大面积的冲积平原和较为宽广的台地，这些平原和台地多沿山麓分布，依山傍水，既便于人们进行生产活动，洪水到来时也可以跑上台地或登上附近的山岭去躲避。所以，远古的人类往往把黄河支流两侧的台地作为首选的居住地。我们通常说的黄河流域是中华民族的发祥地，这个发祥地主要指的应是黄河诸支流两侧的这些台地。

农业的分离是黄河文明发展的重要阶段，而农业的发展离不开水利的发展，离不开引水与防洪。当人类冲出中游峡谷，踏上黄河冲积扇的同时，就在享受更广阔的发展空间的同时，不得不与泛滥的洪水进行抗争。在中华文明的萌芽阶段，治水用水就占据了人类活动的重要地位。因此，在远古的传说中，治水成为一个重要的组成部分。

炎黄二帝时期代表了黄河文明的正式发端。黄帝最初率部在陕西西部地区定居，开始是过着游牧生活。后来逐渐掌握了对水的利用，开始向农耕经济过渡，择水而居。随着农业生产的发展，人口的不断增加，为了寻找更加平坦、开阔、肥沃的土地，又沿北洛河南下，到达今陕西的大荔、朝邑一带。那里的黄土地给了他们发展农业的便利条件，但不时出现的干旱又困扰着他们，迫使他们去继续寻找理想之所。于是，黄帝又率领族人从大荔、朝邑东渡黄河，顺着中条山和太行山麓进入汾河谷地，再向东北迁移，到达今河北涿鹿附近。那里有由桑干河、洋河冲积而成的适宜农耕的宽阔谷地，附近还有可供狩猎的山林，环境非常优越，他们就定居了下来。炎帝部族进入农耕期较早，为寻找适宜的农耕区，就在黄帝率领他的部落东迁的时候，炎帝也率领他的族人开始长途跋涉。为了寻找理想的定居之地，他也率领部落东迁。但走的路线与黄帝不同，他们先是沿渭河东下，到达今河南西南部，再顺黄河东下，到达现在的豫东地区，在那里安顿了下来。

华夏民族的融合与水有着密切的关联，黄帝的统一战争就是由找寻水资源引起的。为了争夺生存空间，互争雄长，炎、黄两大部落都使用武力征讨四方，扩大自己的势力，从而引发大规模的冲突。双方在阪泉(今河北怀来)进行了三次大战。最终结成部落联盟，形成了华夏族的雏形。

尧、舜、禹时期，黄河流域曾经发生大规模的水灾。治理水害，发展生产，成为当时人类发展的重要内容。由于尧、舜、禹治理有方，当时的社会获得很大的发展，呈现一片安宁、祥和的太平景象，“天下大和，百姓无事”，他们也因此被后人尊奉为圣。禹也因为治水有功而成为舜的接班人。

这一时期人类治黄的主要手段就是人力的大规模、有组织利用。人的力量通过规模化，在原始水利阶段开始发挥作用，使人类迈出了治黄的第一步。尧时专门召开部落联盟会议，研究水患问题，主要由四个部落首领组成的议事会议一致推荐有治水传统的夏族部落首领鲧主持治河。鲧障洪水，九年不成。舜继位后，部落联盟会议又推荐鲧的儿子禹继续治理洪水。禹联合了共工氏和伯益、后稷等许多部落，采取疏导方式，历时13年，终于使“水由地中行”。正是由于大禹治水过程中动员了各个部落的大量人力，重新进行组织和分工，才逐渐打破了原来由血缘关系形成的原始氏族部落组织，形成按照地区划分的九州，并在此基础上最终建立了中国历史上第一个奴隶制政权——夏。

总的看来，由于地广人稀，可以任洪水多处宣泄，这一时期的治黄方略基本采取的是“不与水争地”的方针。人类主要是在黄河支流居住，趋高避低。除了中游地区，当时人类居住的黄河下游，也与黄河主流保持了一定的距离，基本属于当时的支流流域。人类的能力就是修筑简单的堤埂，保护居住地，同时依据河流的自然流向疏通河势，减少洪水泛滥威胁。大禹治水，就不再简单地依靠低下的生产力水平和简陋的生产工具，与洪水进行直接的抗衡，而是“因以水为师”，吸取了鲧障洪水失败的原因，根据水流移动由高向低的特性和具体的流势，进行了原始的测量，以确定河道的流向，再集中人力进行疏通。

第二节　农耕文明时期——筑堤防洪治下游

随着社会生产力的发展，人类发明了简单技术和铁器工具，在能源利用上也从人的体力扩展到人、畜及简单天然动力，人类改造自然、治理黄河的能力得到了革命性的提高。这时的人类进入农业时代，农业与畜牧业逐渐代替采集和狩猎，成为社会的主要产业。

由于农业的发展，人类由游牧生活转向定居生活，并逐渐发展了水利灌溉技术，学会了用石头和木块建造房屋。在农业社会，人们聚地而居，而且耕种成为人们主要的食物来源，人们对土地异常崇拜。在我国古代文字记载中，就有关于各种土地的神话和传说。除利用土地之外，人们还掌握了利用自然的各种知识和技术。例如，人类发明了养殖技术，发明了各种运载工具，还积累了相当多的关于自然以及人类自身的知识。这表明，人类利用和运用自然力改善自己生存和生活水平的能力逐渐提高。这时候，人们对自然力和各种自然现象不再盲目崇拜。人们固然认识到人类的生活脱离不开自然界，但人类在自然面前并不是无所作为的。中华农耕文明是世界上最为成熟的农耕文明。小农经济虽然对自然环境具有很大的依赖性，但发达的铁冶炼业，如铁犁、锄头、镰刀、水利工程等，仍体现了人的主观创造力量。正因为如此，中国古代思想家既提出要“天人合一”、“辅万物之自然而不敢为”的思想，也提出了“制天命而用之”的观念，提倡人要勇于变革自然。在农业文明中，人类通过与自然的交往，对各种自然现象和自然生态环境渐渐积累了规律性的知识。人们在一定程度上认识到自己与自然的区别，但也还深深地体会到自己的生存活动必须依赖自然环境，对自然的态度也表现为天定胜人的自然优势主义。因此，总体来说，农业文明中的人类强调的不是与自然的对立，而是如何与自然协调好关系以及适应自然。《周礼》强调自然对于人类以及万物生养的重要性说："天地之所合，四时之所交也，风雨之所合，阴阳之所和也，然则百物阜安。"《荀子》虽然提倡变革自然，但也认为人不可以完全脱离自然条件和自然环境而一味地孤行，而需兼得天时、地利与人和。中国古代这种重视人与自然和谐相处的思想，表现在哲学思维上的特点就是强调"天人合一"，这种强调人与自然相统一的思想，是与当时还不十分发达的社会生产力相适应的。在农业时代，人类改造和利用自然的能力还没有得到较高程度的发展，人类还不能全方位地改造自然和深度地利用自然，而只能利用自然的产品进行粗浅加工。人类还经常遭受到洪、涝、旱等各种自然灾害的袭击，这时候"天人合一"观等古代思想学说的提出，一方面说明农业时代的人类对于人与自然应和谐相处这一关系有朴素的认识，同时也说明了在当时社会生产力还不发展的情况下，人类依赖于自然环境和自然现象的不得已。

在上千年的农业文明时期，治黄事业处于以建设水利工程为主要手段，以保障人类经济社会发展的传统水利阶段。在空间范围上，人类的治黄足迹遍布整个黄河下游，依靠国家的动员力量，进行了大规模的治理。

农业文明时期的黄河子民为了自身的生存与发展，已经开始了与黄河洪水争夺土地的抗争。黄河下游平原是经过黄河千百万年洪泛初步冲积出来的大平原，经过自然的演变，已成为气候适宜、地势平坦、土壤肥沃、雨热同期，适合人类生存和发展的地方。随着人口的增加，人地关系日趋紧张，人类活动逐渐从中游和支流河谷平原向下游和干流冲积平原扩展，不断寻找新的生存空间，农业耕作方式也表现为精耕细作。然而，黄河下游的冲积平原既是黄河儿女繁衍生存发展的根据地，也是始终面临洪水威胁的高发区，高含沙的黄河水"善淤、善决、善徙"。从此以后，"母亲河"与"中华之忧患"这样截然不同的两个称呼都落在了黄河的身上。在漫长的农业文明时期，人类与黄河抗争，与洪水争地，黄河的下游防洪成为历朝历代不断思考的主要问题，以至有人说，农业文明时期的治黄史，实际上就是一部黄河下游的防洪史。当然，龙的传人之所以能够与自然抗争，来源于自身力量的增强。人口的不断增加，在增大了对环境需求的同时，也提高了人类群体的集合力。更主要的是，铁器的发明，畜力的广泛使用，社会生产力的不断发展，使人类大规模治水的能力进一步提高。

中国历史上最早的夏、商、周三个朝代的都城都在黄河中游与下游两个地势阶梯的交汇处，也就是黄河冲积扇的顶部。到春秋战国时期，人口增加到1000万~2000万，全国的政治、经济的主要中心已经移到黄河下游平原。到秦汉时期，人口猛增至5000多万。汉唐时期人口增减变化十分频繁，但基本上唐代以前始终维持在3000多万至5000多万之间。这时全国的京都也都在黄河中游地区和黄河冲积扇顶部，如西安、洛阳、安阳等，政治经济中心仍然在黄河中游地区，但粮食等已经需要下游和江淮地区补给。北宋最多时可能已经超过1亿人口，整个黄河下游地区都得到了开发，宋朝统治者为了满足粮食需求，还在黄河开展了大规模的放淤活动，以提高粮食产量，增加粮食生产。当时人类对黄河下游的开发在广度和深度上已经达到很高的水平，与此对应，下游黄河泛滥造成的危害越来越大，黄河下游治理对国家的稳定和发展也越来越重要，以至北宋一朝，上至皇帝、下及群臣，都投入到治黄的争论中。明清时期由于生产力水平的再度提高，人口增长也持续攀升，达到历史最高点，到清代末年，已经达到4亿。黄河流域耕地面积扩大再次达到历史新高峰，已经扩展到边疆地区和黄土高原的丘陵、山地，土地利用的集约化程度同样达到历史最高水平，使黄河流域水土流失问题愈演愈烈，加重了治黄的负担。在人类向下游平原的不断扩展中，为约束、抵御洪水，长期以来，人民群众不得不采取在河边修筑堤坝的主要手段，这又带来另一种结果，就是束窄了泄洪通道，缩小了洪水调蓄场所，使黄河成为“地上悬河”，增加了洪水的风险性。而黄河洪水挟带的大量泥沙，进一步增加了洪水泛滥的危害，使黄泛区成为人类心中一个悲惨的阴影。治黄难度越来越大。同时，保漕以使南方的粮食等物资运抵北方，也成为治黄必须解决的问题，人类对治黄的要求越来越高。

在长达两千多年的农业文明时期，治黄方略基本上属于被动防御。虽然人类认识自然、改造自然的能力有了很大提高，但在人与自然的关系中，仍然处于依附地位，人类在与黄河洪水争夺土地的斗争中，仍然处于弱势和防御的地位。天定胜人这一思想，仍然深深地印在龙的传人心中。作为农业文明时期最主要的治黄技术手段，堤防的作用也在于约束洪水，防御洪水对人类生产、生活环境的侵夺。这一时期的治黄方略，更确切的应该被称之为黄河下游治理方略。历史上相当一个时期，人们认为治河即是防洪。为了消除洪水灾害，就必须治理河道，宋元以前，历代治河工程都是以防洪为单一目标。因此，把治河与防洪的概念等同起来，治河思想也可以认为是防洪思想。宋元以后，特别是明清时期，情况发生了根本变化。随着人口的增加，社会生产力的发展，江南地区逐渐发展成为国家的粮仓和经济中心，这时治黄的根本目的，已从防洪转到了保证漕运，防洪降为次要的任务。因此，明清时期，再也不能把治河与防洪划等号，治黄方略也不完全等于防洪方略了。随着历史的演进、科学技术的发展，治河方略涵盖了越来越广泛的内容。防洪始终是治黄的主要任务，但再也不是唯一的任务了。

堤防的出现，是我国治河史上的一大进展，是控制洪水以免其恣意横流、迁徙不定的重要工具。在这上千年的黄河治理活动中，人类依靠的主要手段，就是堤防。随着铁器和简单技术的发明创造、社会生产力的发展、人力和畜力大规模动员和组织能力的提高，堤防技术取得了长足进步，产生了巨大的力量，成为人类手中约束河道，主动防御洪水的利器。不论是宋以前的分流杀势、宽立堤防约拦河势、回流改道，还是明清时期的束水攻沙，堤防，都是农业文明时期治黄方略得以实施的基本保障。

如果把黄河堤防的发展阶段作一个大致划分,大体可以分为六个发展期。

西周以前是黄河堤防的初创阶段。这一时期，虽然在黄河流域特别是其下游干流河段修建了不少堤防工程，但都是在局部河段，规模不大、分布零散，主要集中在京城附近和重要居民聚集区。

战国时期是黄河堤防建设的第一个高潮。黄河下游齐、赵、魏等各诸侯国纷纷沿黄河筑堤，以邻为壑，使堤防工程出现规格不一、堤距不一、布局不合理的状况。从整体上讲，这一时期堤防建设工程已有相当规模，沿黄河下游分布区域已较广泛，但缺少沿河统一规划，故多有不合理之处。然而，这毕竟为黄河下游形成系统的堤防打下了基础。

秦汉时期是黄河堤防建设的第二个高潮。秦始皇统一中国后，对不合理堤防进行调整和改建。汉代进一步加强了工程的建设，特别是东汉王景治河以后，在新河两旁再次修筑了系统的堤防，“自荥阳东至千乘海口千余里”。这就使黄河下游河槽获得了较长时期的相对稳定。史称黄河安流 800 年无大患，就是这一时期堤防工程和其他治理措施的明显效益。从此以后，黄河下游河槽的固定，完全依赖两道大堤的拦束。

北宋时期是堤防建设史上的第三个高潮。五代以后，河患又严重起来，迄宋代更是决口频繁。所以宋代的治河防洪任务十分吃紧。但这一时期堤防建设的重点已由堤防的大规模兴筑转向堤防的加固修守，特别是以埽工为主的险工防守和决口堵塞。埽工和堵口技术的发展、成熟是这一时期黄河堤防工程建设的基本特点。

明代后期至清代前期是黄河堤防建设的第四个高潮。金初黄河改道南流后，经过一段时间的多支分流，主流在黄淮平原上下摆动三四百年之久。从明代后期开始，为满足漕运的要求，当权者转为全力固定下游河槽。“束水攻沙”方略的实施，推动了大规模的堤防建设。经过 200 年的努力，特别是潘季驯、靳辅两个时期的大力兴筑，在黄河下游南侧形成了历史上最完善、最坚固的堤防系统。这就是我们今天在地图上依然清晰可见的“明清黄河故道”。从郑州以下经确山、徐州、宿迁、淮阴至云梯关海口，千里大堤蜿蜒不断，把黄河扼束其间。不少河段是双重堤防，堤防和闸、坝、涵等建筑成龙配套，形成完整的体系，这是该时期堤防建设的重要特点。

第五个高潮则是中华人民共和国成立以后。黄河 1855 年在铜瓦厢决口后黄河改道北流，由山东利津入渤海。从 1882 年开始，在少数沿河民埝的基础上普筑新河两岸大堤，控制新河流路。中华人民共和国成立以后，人民政府高度重视黄河堤防建设，有计划地大规模加固、加高堤防，使黄河大堤达到前所未有的规模和标准，形成了黄河改道北流后新的堤防系统。黄河下游河槽又被黄河大堤固定在广袤无垠的华北平原上。

在相当长的时期内，治黄的主旋律就是以堤防为主要手段，宽河、窄河治水为主要内容。综观黄河下游河道发育过程与人类治理活动的互动关系，黄河下游总是处于地下河—淤积—地上河—洪水—决口—改道这样一个历史过程，历史上的下游治理方略也存在着从宽河到窄河的循环交替。当地下河时人类首先选择的是宽河以削滞洪水能量，随着泥沙不断淤积，河流成为“地上河”，泥沙问题逐渐突出，人类又试图通过窄河束水攻沙，延缓河槽淤积速度。

在两汉和明清时期这两种方略都分别取得过成功。东汉王景采取宽河策略，堤距相当宽，上段荥阳一带有 10 ~ 20 公里宽，堤距间有足够的面积可容纳洪水和沉积泥沙，河床淤积抬高极慢，而且当时的黄河下游还存在许多大型的天然湖泊，也起到了分滞洪水、泥沙的作用，因此河道稳定了很长一段时期。这是一种给洪水让出空间，通过提高河道蓄洪能力防洪的办法。明清时期，建都在北京，经济重心在南方，京杭大运河水运成为国家经济大动脉，防止黄河泛滥和淤积影响大运河，保护漕运，成为治黄的主要目的。潘季驯提出“束水攻沙”方案，通过集中水能，提高河道输沙入海的能力，从而减少了淤积，延长了河道、堤防寿命。窄河治黄同样取得了成功。从今天的角度看，当时黄河下游仍然具有巨大的运输能力，河道流量至少可以满足黄河输沙水量所需的 200 亿立方米。这种方略的核心，则是减少河道泥沙的淤积，提高河道过洪能力。但窄河在集中水能输沙的同时，也需要更高的堤防建设能力，以抵御强度增加的洪水。

第三节 工业文明时期——战天修库，综合治河

18 世纪，英国率先发生了工业革命，接着，工业化的浪潮迅速蔓延到全球，人类进入了工业文明时代。它标志着人与自然关系的一次重大历史转折，人类第一次拥有了改变自然特性的能量。工业文明的最重要特征是用机器生产代替手工生产，人类发明创造出复杂技术和工具体系，从而使自己的力量得到了不可思议的膨胀。在能源利用上，人类开始发现并大规模利用地球上的石化能源，一步跨出了人、畜及简单天然动力的局限，使燃烧的非生物能源爆发出惊人的能量。在工业文明条件下，科学技术迅猛发展，人口急剧增加。人类的活动深入到地球的每个角落，从陆地、海洋到天空，都成为人类活动的场所。人类甚至还可以进入太空。人类改造和利用自然的形式空前地多样化和复杂化，涉及到一切物理的、化学的、生物的、地质的运动形式。人类大量地开采地球上的各种资源，人工合成了数以百万计的人工材料和化学产品。人类的活动深刻地影响了地球上各种动植物、微生物的生态系统循环和地球化学循环。在工业文明时代，近代科学革命的倡导人培根在《新工具》一书中大力讴歌科学，提出“知识就是力量”。进入工业化时代以后，人类改造自然的能力迅速提高，黄河的自然状态也发生了巨大变化。人类在手段上开始利用机械力改造水环境，在后工业时代开始发现和利用电能。这时候，人类在自然面前也变得神气起来，将人与自然的关系视为征服者与被征服者的关系。在人类心目中，自然界是为人类而存在的，只有被利用和使用的价值。在人与自然的关系上，人类处于改造自然的优势地位。人类对自然的态度，也表现为人定胜天的人文优势主义。近代科学家和哲学家笛卡儿有感于人类认识自然奥秘能力的提高，从哲学的角度对人类认识和改造自然客体的主体性思想加以概括，提出“我思故我在”，认为自然世界和自然规律都是为人而立。这种观点可以称之为“人类中心主义”，简单的说法就是视人为万物的尺度，并从人的利益来定一切事物的价值。应该说，“人类中心主义”是工业文明时代占据主流地位的世界观和思想行为模式，它在人类改造和利用自然的活动中广泛留下它的印迹。由于科学的运用和技术的发明，人类改变和利用自然的能力极大提高，在人类的勃勃雄心下，急需要寻找出一种有效的手段，来满足人类加大黄河开发力度，实现对黄河有效遏制的目的，以除害兴利，彻底改造黄河，让黄河造福人类。

随着人口的急剧增加，人地矛盾越来越突出。不仅如此，工业革命带来

了新的产业，人类对环境产生了新的需求。一是工业的产生创造了水电等一系列新的产业，人类对黄河的开发利用也提出了新的要求；二是工业对环境从建设土地到生产用水的一系列要求，包括城市扩大对耕地的占用和引水的增加。人口的急剧增加和新产业的大量出现，使人类对黄河母亲的索取大大增加。为了维系庞大人口的生存和发展，人类需要更多不受黄河干扰危害的土地，需要黄河提供更多的生活用水、生产用水，需要对水地关系进行更适合人类需要的优化配置。黄河的治理开发面临着从未有过的挑战和机遇，对治黄提出了新的要求。人类发出了兴利除害、全面治理黄河的呼声。

随着工业文明的发展，近代科学技术的传入，20 世纪是筑坝技术大发展的时期，使修筑拦河大坝这样的大型水利工程成为可能，人类第一次有能力将河流拦腰阻截，修筑起了综合型的水利枢纽工程，与堤防相比，人类对河流的调节能力大大提高，实现了从约束到拦截的跨越，从而不仅在空间上，而且在时间上，按照自己的意愿对河流施加影响，进行控制。同时，水利枢纽具有蓄水、防洪、发电、灌溉等综合功能，在河流的治理与开发两个方面都发挥了重要作用，其综合开发利用的特性使人类对其青睐有加。利用库坝治河成为工业文明时期迅速出现并占据了重要地位的治黄思路。库坝的力量，伴随着工业革命在中国的传入，迅速在治黄事业中显示了移山填海般的威力，成为新中国治黄方略中的核心手段。

随着工业文明在中国生根发芽，黄河的治理思想开始发生变化。1946 年人民治黄以来，正式开启了现代治河时期。新中国的治黄方略发生了历史性的变革，人类治黄进入上中下游、多手段综合治理的新阶段，依靠宽河固堤、大库大坝防治洪水泥沙成为下游治理方略的核心内容。

1949 年以前，我国建成并能继续运行的大中型水库大坝只有 23 座。新中国成立后的 50 年来，全国共建成了各类大坝 8.6 万余座，数量居世界首位。大规模的水利水电工程建设，特别是大坝建设，在防洪、供水、灌溉、发电、水产养殖、改善环境、发展旅游等方面产生了巨大的社会效益、经济效益和环境效益，在我国的经济发展和社会进步中发挥了巨大的作用。不过修建大坝不仅可以产生防洪减灾、调蓄水量、提供能源等正面作用，还会带来移民、文化历史遗迹的淹没以及改变水坝上下游自然环境等负面影响。因此，需要在规划设计时采取相应的措施，趋利避害，使每一项工程不仅有巨大的经济效益，而且能够促进经济社会的可持续发展，促进人与自然的和谐相处。

库坝技术在新中国的治黄事业中得到了大力推广和应用。新中国成立以后，于 1954 年初成立了黄河规划委员会，集中力量编制黄河治理开发规划，

1954 年底提出了《黄河综合利用规划技术经济报告》（简称《黄河综合利用规划》）。1955 年 7 月全国人大一届二次会议讨论并通过了《关于根治黄河水害和开发黄河水利的综合规划的决议》。按照“除害兴利、蓄水拦沙、综合利用、梯级开发”的指导方针，在黄河干流龙羊峡以下河段规划布置了 46 座梯级枢纽工程，其中，龙羊峡、刘家峡、黑山峡、三门峡 4 座大水库是调节径流、拦蓄洪水和泥沙的综合利用工程，其余 42 座都是径流电站或灌溉壅水枢纽。并选定三门峡、刘家峡 2 座水库和青铜峡、渡口堂（即三盛公）、桃花峪（即花园口）等 3 座灌溉壅水枢纽作为第一期工程。

按规划开工建设的三门峡、刘家峡、青铜峡、渡口堂、龙羊峡等水利工程，对促进沿黄地区国民经济发展和治理开发黄河发挥了较好的作用。但是，限于当时的实践和认识水平，尤其是随着经济的发展和各方面情况的变化，原拟定的工程布局难以适应黄河的客观情况，也不能满足国民经济各部门发展对黄河治理开发提出的新要求。为此，1984 年开始对以前的黄河治理开发规划进行了修订完善，1997 年《黄河治理开发规划纲要》通过国家计委和水利部的联合审查。

修订后的规划，在龙羊峡至桃花峪河段布置了 36 座梯级枢纽工程，总库容 1007 亿立方米，长期有效库容 505 亿立方米；共利用水头 1930 米，发电机装机容量 2493 千瓦，年平均发电量 862 亿千瓦时。干流工程布局由高坝水库与径流电站或灌溉壅水枢纽相间布置，形成以龙羊峡、刘家峡、大柳树、碛口、古贤、三门峡和小浪底等七大控制性骨干工程为主体的比较完整的综合利用工程体系。七大骨干工程的任务各有侧重，但又联系紧密，相辅相成，同时又都具有较大的综合利用效益，是全河水沙调控体系的重要组成部分。上游的龙羊峡、刘家峡和大柳树骨干工程联合运用，构成黄河水量调节工程体系的主体；中游的碛口、古贤、三门峡和小浪底水利枢纽联合运用，构成黄河洪水和泥沙调控工程体系的主体。上游的水量调节工程体系和中游的洪水、泥沙调控工程体系相互配合，以更好地适应黄河水沙特性和治理开发要求，使黄河径流得到较好的调节利用，满足沿黄城市和工业基地的供水要求，提高黄河沿岸灌区供水能力，扩大灌溉面积。水库群防洪、防凌联合运用，使兰州市区和宁蒙河段防洪标准得到较大提高，基本消除内蒙古河段和山东河段的凌汛威胁。碛口、古贤、小浪底 3 座骨干水库可拦泥沙 401 亿吨，可以减少禹门口至潼关河段淤积 54 亿吨，减少黄河下游河道淤积 215 亿吨。

人类通过库坝建设，已经控制了黄河上 90%以上的径流区。黄河干流上兴建了 15 座水利枢纽和水电站，总库容 566 亿立方米。而黄河的年均径流量才 580 亿立方米。黄河上兴建的提引水工程达到 3.36 万处，全河干流设计引水能力超过 6000 立方米每秒，也远远超过了黄河的实际流量。以前的黄河径流量存在年内分配不均、年际变化大等自然特性，现在通过调节趋于平均。我们今天得以顺利向青岛、天津等地外流域调水、调水调沙，也来自这种对黄河水流在空间和时间上的控制能力。

黄河水利工程的建设不仅发挥了巨大的防洪、防凌、减淤、灌溉、供水等社会效益，而且开发了黄河的水电资源，获得了巨大的经济效益。目前黄河上已建、在建的水利水电枢纽工程 12 座，分别为龙羊峡、李家峡、刘家峡、盐锅峡、八盘峡、大峡、青铜峡、三盛公、万家寨、天桥、三门峡、小浪底工程，共计利用水头 799.1 米，库容 563.2 亿立方米，有效库容 355.6 亿立方米，总装机容量为 899.6 万千瓦，年平均发电量可达 335.5 亿千瓦时，分别占黄河干流可开发水电装机容量的 36.1%和年发电量的 38.9%，是全国大江大河中开发程度较高的河流之一。据 1995 年底统计，黄河干流龙羊峡、刘家峡、盐锅峡、八盘峡、青铜峡、天桥、三门峡 7 座水电站累计发电 2739.49 亿千瓦时，按不变价 0.065 元每千瓦时计，累计总产值 178 亿元，是 7 座电站总投资的 4 倍。若以刘家峡、盐锅峡、八盘峡、青铜峡、天桥 5 座电站计算，至 1995 年底，共发电 2187.84 亿千瓦时，累积创产值 141.62 亿元，是 5 座电站总投资的 10 倍。

同时，大规模的工程实践为在多泥沙河流上水库的规划设计施工和管理运用提供了丰富的经验,尤其是三门峡水库运用方式的探索，为在多泥沙河流上兴建大型水库长期保持有效库容开创了成功的先例。

我国历史上的治黄方略大都局限于下游，多侧重于某一个方面。以库坝技术为代表的先进生产力为人类的认识和实践插上了飞翔的翅膀，工业文明时期的治黄方略彻底打破了这种局限，全面治理、综合开发成为这一时期治黄方略的最基本特征。1955 年全国人大一届二次会议通过的《黄河综合利用规划》，成为治黄历史上第一个综合治理开发规划。凭借工业革命，人类改造自然的力量发生了翻天覆地的变化。在对自我力量的惊喜中，人类发出了人定胜天的豪迈宣言，向黄河发起了主动进攻，试图彻底改造自然、征服黄河。在治黄方略的制定中，提出要“兴利除害，变害为利”，制定了“根治黄河水害，开发黄河水利”的指导方针。与历史上众多的治黄方略相比，这一时期的治黄方略具有截然不同的特点，具体表现为以下几点：

一是以全流域为对象，突破了长期以来治黄仅限于下游、仅限于防洪的被动局面。根据洪水、泥沙的来源和除害兴利、综合利用的要求，从干流的上、中、下游，直到流域内的广大土地，以整个黄河流域为对象，提出统筹规划、全面治理、综合开发的方案。这在治黄史上是一个大进步。

二是综合性治理开发。这一时期的治黄方略将防洪、水土保持、水资源开发利用视为一个完整的系统，强调除害与兴利的一致。1955年规划首次明确提出了黄河水是宝贵资源的观点，要求在除害的同时，要充分利用水资源，以满足国民经济各部门的需要，变害河为利河，这在治黄的指导思想上是一次重大突破。人类认识到开发利用黄河水资源，与防洪、发电、灌溉、航运、城市和工业用水等都有密切关系，他们之间对于黄河有不同的要求，而且相互之间有一定的矛盾，情况错综复杂，因此在具体实施中同样突出了综合评估、统筹进行的原则。在治理开发措施上，人类开始将库坝、堤防等工程措施与植树造林等非工程措施联合起来、配置运用。在人类这一时期的强力治黄手段，也就是库坝技术身上，我们可以更清晰地看到工业文明时期黄河治理与开发的密切性。这一时期的治黄方略重视发挥干流骨干水利工程的核心作用，而干流水利枢纽工程所具有的防洪、水资源调度、发电、灌溉、养殖、旅游以及拦水拦沙、调水调沙等多重功能，使除害与兴利的目的结合在一体，从而实现了两者历史上第一次全方位的紧密接触。

三是开始标本兼治，改变了历史上治标不治本，单纯进行下游治理的方式。针对黄河水少沙多、水沙不平衡的特点，人类以库坝工程建设为核心，以干流治理为纽带，并首次将水土保持纳入治黄方略中，逐步总结提出了一系列的对策，对黄河进行综合治理与开发。人类认识到单纯依靠“排”是无法解决黄河的泥沙问题的，1955年的《黄河综合利用规划》提出治黄要兴利除害，治黄方针不再是把水和泥沙送走，而是对水和泥沙加以控制，利用黄河水利资源进行灌溉、发电和通航。随着人类在实践中对黄河泥沙问题的不断认识，最终总结提出了拦、排、放、调、挖综合治理泥沙的对策。

四是打破流域界限，提出跨流域调水。人类的思想已经走出流域的束缚，将眼光延展到更广阔的空间，提出南水北调。这种跨流域调水打破流域界限，实施在多流域范围内的水资源优化配置，克服了在流域范围内自然特性的约束，使水地关系更适合人类居住，使人类在调水冲沙治理黄河泥沙、补充黄河水量不足、防止黄河断流、支持流域经济社会发展等方面具有了更大的自主性和能量。

第五部分

新纪元

Sustainable development，也即可持续发展。1987 年，挪威前首相布伦特兰夫人主持的世界环境与发展委员会，组织众多专家学者，经过 900 天深入研究，发表了研究报告《我们共同的未来》。该报告使用并明确定义了这一概念，使之广泛传播。今天，当人类迈过工业社会，信息革命澎湃来临，当人与自然的作用关系发生逆转，Sustainable development 已经不只是一个概念、一种思想，还是一种原则、一种战略，更是人类为了自身的生存和发展必须采取的一种共同行动。

第一章　直面千年之交的黄河治理开发

千年之交，在中国被称为千禧之年。在即将踏入21世纪的这个千禧之年，人类与黄河的关系和自身的能力两个方面都发生了巨大的变化。依靠工业革命爆发的能量，人类第一次在与自然的相互作用中占据了主动地位，从而极大地改变了自然的面貌。这种改变极大地影响了黄河，也极大地影响了人类自身，带来了无尽的繁华与昌盛，也带来了空前的破坏。人类需要新的改变。

第一节　新千年的挑战

工业文明极大地释放了人类的能力，但没有解决人类与黄河的矛盾。在新的世纪、新的千年，治黄迎来了更为复杂、更为艰巨的挑战。

人与自然的矛盾尚未解决，人与自然争水争地，黄河中游水土流失严重，下游河床萎缩、河道淤积、“二级悬河”问题日趋尖锐，水少、沙多、水沙不平衡仍然存在。人类仍然面对着洪水威胁和水土流失的恶果。

黄河洪水威胁依然是国家的心腹之患，几千年来人类与黄河争夺土地空间的斗争仍然在延续。黄河小浪底水库的建成，使下游稀遇洪水得到有效控制，河床淤积在一定时期内得到缓解，但黄河下游泥沙淤积问题长时期内难以根本解决，下游堤防质量尚有薄弱环节，河势变化大，中常洪水也可能“冲决”和“溃决”大堤，防洪形势仍很严峻。

多年来人类活动及自然因素综合作用的累积影响使下游河流形态和功能向不良状态发展。随着治理力度的加大，黄河泥沙有所减少，但黄河的水量也显著减少，下游来水来沙条件发生了较大变化，导致主河槽淤积加重，下游河道萎缩。80年代中期以来，进入黄河下游的水量偏枯，加上引黄用水量的快速增加，下游断流频繁。1986年龙羊峡、刘家峡水库联合运用后，下游来水过程发生了变化，汛期水量占全年的比例由过去的60%减少到45%，非汛期水量占全年的比例由过去的40%上升为55%。这种变化虽对缓解下游断流具有有利的一面，但对下游河道输沙却产生了不利影响。由于汛期来水减少和非汛期河道的频繁断流，黄河下游河道呈淤积抬高趋势，使“悬河”形势越来越严峻。1986～1997年，年平均淤积2.5亿吨，主河槽淤积量占71%。

20世纪70年代以来，在黄河局部河段又出现了“槽高、滩低、堤根洼”现象，形成“二级悬河”，进一步加剧了黄河防洪的难度。自20世纪80年代中期以来，大部分河段已成为主槽高于滩面3米左右，滩面高于背河地面4~6米的“二级悬河”，使“横河”、“斜河”发生几率增加，堤防安全受到严重威胁。目前黄河下游河床明显萎缩，过洪能力急剧下降。黄河下游的漫滩流量从20世纪60、70年代的6000立方米每秒，甚至8000立方米每秒下降到现在的2000立方米每秒，局部1800立方米每秒就出槽。造成了“小洪水，高水位，大漫滩”的不利局面。1996年8月，花园口站洪峰流量7600立方米每秒，其水位比1958年的22300立方米每秒大洪水还高0.91米。

水土流失仍然是黄河治理的痼疾，还没有得到有效遏制。黄土高原地区治理水土流失面临的突出问题：一是长期以来投入严重不足，治理进度缓慢，现有治理标准低，工程不配套，林草成活率低。现有措施维护、巩固、配套、提高的任务还很重。二是多沙粗沙区治理严重滞后，沟道坝系工程少。黄土高原7.86万平方公里的多沙粗沙区，产沙十分集中，既是黄河下游河道泥沙淤积的主要来沙区，又是经济落后、生态环境最为脆弱的地区。由于沟道坝系工程少，拦减泥沙效果不明显。三是长期以来不合理的生产方式极大地破坏了自然植被，破坏了黄河中游黄土高原地区的自然生态和自我平衡，加剧了水土流失。

工业文明不仅没有解决人与自然的原有矛盾，还给黄河的治理带来了新的问题，人与人之间的需求矛盾日趋尖锐。水资源短缺，水污染、人为水土流失加剧，滩区人居发展、河口治理等问题日趋复杂和严重，加大了黄河治理的难度，导致河流的健康生命受到威胁。

由于预防监督和管理不力，边治理、边破坏在中游黄土高原一些地方还相当严重。特别是在晋陕蒙、豫陕晋接壤地区煤炭和有色金属的开采过程中，忽视经济建设与环境保护的关系，使本来就十分脆弱的生态环境更加恶化；子午岭、六盘山林区面积也在逐年减少。随着人类对自然的索取不断增加，产生新的水土流失因素增多，对环境的压力越来越大，下游防洪负担依然很重。

人口压力使人类进一步侵占了黄河洪水的空间，造成河道内外人口生存、发展利益的矛盾。在黄河下游河道内有3544平方公里的滩地，居住人口181万，耕地375万亩，村庄2052个。这使黄河下游防洪形势颇为复杂。90年代的几次洪水，洪峰虽不大，滩地却大范围被淹。洪水上滩后，淹没土地，倒塌房屋，受灾人口达百万之多。一旦运用北金堤和东平湖蓄滞洪区分洪，北金堤滞洪区内人口达157万，耕地240万亩，还有中原油田的大部分产油区；东平湖滞洪区内居住人口 35.8 万，有耕地 47.7 万亩。洪水过处，泥沙俱下，不仅损失巨大，而且遗留问题较多。这种防洪的压力还造成蓄滞洪区人民生产生活发展与保障整个下游社会经济发展的矛盾。

水资源供需矛盾十分突出。近 20 多年以来，随着流域人口的增加和经济社会的快速发展，黄河的承载压力日益增大，人水关系、水地关系日趋紧张，水资源供需形势将更加严峻。预测 2010 年，在充分考虑节水的情况下，黄河流域及相关地区国民经济总需耗水量 520 亿立方米。考虑下游河道汛期输沙和非汛期生态基流低限需水量后，正常来水年份黄河流域可供国民经济最大耗水量为 480 亿立方米（包括地下水 110 亿立方米），缺水 40 亿立方米；在中等枯水年份，缺水将达 100 亿立方米。缺水已成为黄河流域和相关地区经济社会可持续发展的主要制约因素。人类在对水资源的开采中，不断挤占生态用水，从而严重威胁到河流和自然环境的生态平衡与生态安全。

水污染日趋严重，水质恶化、水环境恶化。这不仅减少了可供水资源量，还对人和自然都造成毒害。初步估计 2010 年全流域废污水排放量将超过 65 亿立方米。同时，农牧业施用农药化肥等面源污染对水质的影响也有进一步扩大之势。如不及时采取有效措施，黄河干支流大中城市所在河段的水质有可能全部超过Ⅴ类水质标准，将严重影响黄河供水安全。黄河的生态系统呈现出整体恶化的趋势。

“大河之治，终于河口”，这是黄河治理和泥沙填海造陆之必需。黄河河口三角洲地区，土地、石油等战略性资源非常丰富，经济发展的潜力巨大。河口地区摆动不定的入海流路为人类创造出新的陆地，减少了石油开采的成本。当地经济社会发展与石油生产又需要入海流路相对稳定。由于黄河多年平均输沙量和多年平均含沙量均位于世界大江大河之首，多泥沙的特性，加之海洋动力条件影响，使得黄河河口淤积延伸的剧烈程度在世界大江大河中处于独一无二的地位，河口地区强烈堆积性的特点不曾改变。受到海洋作用的含沙水流的河口，其冲淤演变就显得更为复杂，黄河入海流路不断变迁的基本规律仍未改变，河槽淤积、海岸线蚀退、水资源短缺、生态环境脆弱等问题使河口治理问题日趋复杂。

第二节　应对黄河三大问题

治黄专家们将黄河的问题归结为三个：洪水威胁、水资源短缺、水土流失及生态环境恶化。治黄人对影响黄河三大问题的自然因素、社会因素和发展趋势的综合分析认为，黄河洪水威胁依然是国家的心腹之患；黄河水资源面临的突出问题代表了中国北方水资源的现状和发展趋势，水资源紧缺和水污染将成为我国西北、华北地区经济社会稳定发展的主要制约因素；生态环境保护与建设是关系到黄河流域经济社会可持续发展的重大问题。

人类认识到，黄河三大问题之所以如此突出，主要原因是黄河"水少，沙多，地上悬河"的特点和流域统一管理薄弱。"水少"不仅容易出现缺水断流，而且易被污染，同时由于输沙用水得不到满足而加剧洪水危害；严重的水土流失造成的"沙多"，既是黄河下游悬河局面严峻的根源，又限制了水资源的有效利用；"地上悬河"决定了黄河防洪具有不同于其他大江大河的特殊性、复杂性和长期性。流域管理薄弱突出表现在管理体制不健全，缺乏有效的统一管理手段，使得黄河三大问题长期没有得到解决。为此，国家特别制定了《黄河近期重点治理开发规划》（简称《规划》），着重针对三大问题提出了对策。

防洪减淤的基本思路是："上拦下排、两岸分滞"，控制洪水；"拦、排、放、调、挖"，处理和利用泥沙。

"上拦"就是根据黄河洪水陡涨陡落的特点，在中游干支流修建大型水库，以削减洪峰。而"下排"，则是在黄河下游，建成以堤防、河道整治工程为主的排水系统，充分利用河道排洪入海。"两岸分滞"即在发生超过防御标准洪水时，利用北金堤、东平湖等滞洪区分洪行洪。

"拦"主要是靠上中游地区水土保持和干支流控制性骨干工程拦减泥沙。"排"是加强堤防、河道整治等河防工程建设，利用下游现行河道将拦不住的泥沙，尽可能多地输排入海。"放"主要是在下游两岸放淤固堤，淤高背河地区等，处理和利用一部分泥沙。"调"是利用干流骨干工程调节水沙过程，使水沙关系更加适应于河道输沙特性,以减少河道淤积或节省输沙水量。"挖"是在局部淤积严重的河段和河口河段挖河疏浚，结合淤背固堤和滩区安全建设，处理和利用泥沙。通过综合治理，逐步形成"相对地下河"，谋求黄河长治久安。

水资源利用及保护的基本思路是：开源节流保护并举，节流为主，保护为本，强化管理。

黄河水少，但水资源浪费却非常严重。规划明确提出要以提高用水效率为核心，大力发展节水产业，建立节水型社会。农业灌溉用水占黄河用水量的 90%，可目前流域内节水灌溉面积只有 20%。《规划》提出对黄河灌区进行大规模节水改造方案，到 2010 年，使节水灌溉面积达到 64%。同时，城市建设和工农业布局要充分考虑水资源的承载能力。加大以节水为重点的结构调整和技术改造力度，严格限制高耗水重污染项目，划定水功能区，实施入河污染物总量和省界断面水质双重控制。加强水资源的统一管理，实行水量、水质统一管理和保护，统筹考虑城乡生活、生产和生态环境等各方面对水量和水质的要求。

人们认识到，适时启动南水北调西线工程，是从根本上解决黄河流域乃至西北地区干旱缺水问题的重大举措，提出一期工程计划在2010年左右开工建设。从而使跨流域治理开发迈出了历史的一步。

水土保持生态建设的基本思路是：防治结合，保护优先，强化治理。

加快黄土高原的生态建设，是治黄的根本大计。《规划》提出，必须从人口、资源、环境协调发展的高度，坚持人与自然的协调与和谐，加强生态保护，充分发挥生态系统的自我修复能力。考虑黄土高原重力侵蚀严重的特点，要以产沙集中、对黄河下游河道淤积有重要影响且经济相对落后的多沙粗沙区为重点，以小流域为单元，采取工程、生物和耕作综合措施，注重治沟骨干工程建设。同时，进一步加大水土保持监督执法力度，加强对开发建设项目的水土保持监督管理，切实控制人为造成新的水土流失。

按国家的规定和要求，黄土高原可划分为水土流失治理区、预防和保护区和监督区。在重点治理区，建设以治沟骨干工程、林草植被为主体的水土流失综合防治体系，采取工程、生物、耕作综合措施，兴利减沙，改善生态环境；在重点预防保护区，依法保护森林、草原植被和现有水土流失防护设施；在重点监督区，建立健全以水土保持执法机构为主体的执法体系，建设水土流失监督网，有效遏制人为水土流失。

《规划》提出了治理开发明确的目标，即到本世纪中叶，建成完善的黄河防洪减淤体系，有效控制黄河洪水泥沙，初步形成“相对地下河”，谋求黄河长治久安。形成节水型社会，实现南水北调西线工程向黄河流域调水170亿立方米左右，供需矛盾基本解决；黄河流域地表水水质恢复良好状态。黄河流域适宜治理的水土流失区基本得到治理，平均每年减少入黄泥沙达到8亿吨，生态环境实现良性循环。

《规划》报告不同于一般的流域规划。着重解决黄河的三个重大问题，即洪水威胁、水资源供需矛盾、生态环境恶化。凝聚于其中的治黄基本思路，在萌芽之间，已经具有了一个新纪元的时代特征，为我们昭示了新纪元的信息。

这是一个承前启后的方略，是一个工业社会向信息社会过渡期的黄河治理开发方略，它的重要性不言而喻。

今天，工业文明在黄河流域仍然方兴未艾，电脑的出现使信息化、数字化革命蓬勃兴起。《规划》吸取了这一切，吸取了生产力发展的先进成果。《规划》高度重视信息技术，突出了科技治黄。重点强调以信息化为突破口，以建设“数字黄河”工程为重点，以建设“原型黄河”、“数字黄河”和“模型黄河”为框架，构建科技治黄体系，全面推进黄河治理开发与管理的现代化。规划把信息技术广泛应用到防汛、水资源管理调度、水土保持等各项治黄工作中，建设防汛指挥、水资源管理调度、水土保持监测等信息系统。在工程建设方面，进一步发挥了工业化的力量，并将治理与开发结合起来。提出把黄河下游大堤建设成以防洪保障线、抢险交通线和生态景观线为主要内容的标准化堤防。使千里黄河大堤成为坚固、崭新的“水上长城”，成为生态良好的“绿色长廊”。在治黄基本规律方面的认识也更为清晰和完整，将黄土高原水土保持生态建设的重点，进一步集中在多沙粗沙区，突出了多沙粗沙区的综合治理。

这也是人类追求人与黄河和谐相处的开始，追求可持续发展、约束人类自我行为成为这一方略的新灵魂。

治黄专家们认为，随着经济的发展，人口的增加，人与自然的关系日趋紧张，除了洪水威胁之外，黄河出现了水资源供需紧张、断流频频发生、水污染加剧等诸多新矛盾。因此，《规划》与1955年的治黄规划相比，更加注重建立黄河流域可持续发展体系。规划在指导思想上，提出黄河的治理开发要遵循全面规划、统筹兼顾、标本兼治、综合治理、坚持兴利除害结合、开源节流并重、防洪抗旱并举的原则。把防洪作为黄河治理开始的一项长期而艰巨的任务，把水资源的节约和保护摆到突出位置，把水土保持作为改善农业生产条件、生态环境和治理黄河的一项根本措施，持之以恒地抓紧抓好。从战略高度全面规划、合理安排、分步推进。以水资源的可持续利用，支持流域及其相关地区经济社会的可持续发展。

规划第一次提出了对人类社会的自我管理，突出了体制与法制建设。规划突出了水资源的节约与保护，提出了建设节水型社会的目标。甚至具体地提出黄河灌区2010年节水面积要达到黄河灌区总面积的三分之二，灌溉水利用系数由目前的 0.4 左右提高到 0.5 以上，工业用水重复利用率由现状的40%~60%提高到 75%左右。在节水的保障措施方面提出了采取特殊的节水措施和政策，包括实行优惠节水政策、采取强制节水措施和建立节水激励机制等。规划明确提出建立健全权威、高效、协调的流域管理体制，加强水资源的统一管理，实行水量、水质统一管理和保护。建议将《黄河法》列入国家立法计划，加快立法进程。

第二章　文明转型期的思索

今天的黄河，正处于一个文明转型的历史时期。人类历史上的每一次文明转型，都伴随着生产力的巨大变革，伴随着人类社会生产、生活方式的变革，伴随着思想的激荡和飞跃，伴随着黄河治理开发方略和实践的巨大改变。这一次，华夏儿女将改变什么？

第一节　文明的跨越

综观人类历史，为了解决人口资源矛盾，伴随生产技术和社会组织方式发生的重大变革，而使人与自然、人与人的关系及相关的文化价值体系发生根本性变化，人类社会已经先后跨越了原始渔猎文明、农耕文明和传统工业文明三个时期。在人与自然的关系上，工业革命使人类第一次占据主导地位，并由此展开了一场人类对自然的更大的征服运动。工业文明开采挖掘出地底深处的几百种矿产资源，将其转化为人类可支配使用的财富，支撑了人口新一轮的膨胀。传统工业文明比农耕文明的发展性高，但持续性差。石油、天然气是工业文明的能源命脉，统计结果发现，全球探明石油剩余可采储量仅为 1400 多亿吨，按目前产量，静态保障年限仅 40 年；天然气探明的剩余可采储量为 150 亿立方米，静态保障年限仅为 60 年。与此同时，地球环境遭到严重污染，生态系统受到严重破坏，森林锐减、物种毁灭、气候变暖、荒漠扩大、灾害频发，一场全面的危机摆在人类面前。地球的资源再也难以支撑传统工业文明的持续增长，人类的环境更难以支撑当前这种高污染高消耗低效益生产方式的持续扩张。

全人类正面临着一场新的人口资源危机，人类呼唤新技术革命性的突破，呼唤新的全球资源配置体系的革新，呼唤新的文明跨越。

可持续发展与河流伦理观应运而生。

1962 年，美国女生物学家蕾切尔·卡逊发表了她的著名作品《寂静的春天》。后来美国副总统戈尔宣称这本书“是一座丰碑，它为思想的力量比政治家的力量更强大提供了无可辩驳的证据”。在这部被称为“绿色经典”的专著中，卡逊第一次运用生物链的原理展示了广泛使用的农药中毒素的积聚、转移和传播的过程，指出了人对空气、土地、河流以及大海等自然环境的危险、致命的伤害，并反过来无法逆转地伤害了所有生命赖以生存的世界和生命个体。1992年联合国环境与发展会议发布《里约环境与发展宣言》、《只有一个地球》以及20余万字的《21世纪议程》，通过对现代化进程的痛苦反思，人类终于认识到“我们不只是继承了父辈的地球，而且还在借用儿孙的地球”，从而把“可持续发展”确定为国际社会共同的目标，“人与自然相和谐”的理想也从此写在了人类进步的旗帜上。

有学者预计，到21世纪，人类活动将会比史前冰期以来的任何时候都更彻底地改变整个地球的环境。人类活动造成地球生态环境极大改变的情况，已引起了世界范围内的重视。今天全球性的生态环境问题，从根本上说，是由于人类在发展经济和科学技术的过程中，没有能正确地处理好人类活动与自然生态的关系问题而导致。因此，要真正克服人类遭遇到的生态环境危机，首先必须从端正人与自然的关系做起。这意味着要与工业文明的“人类中心主义”分离和决裂，开创属于21世纪人类生存的新的人类文明方式。这种新的人类文明方式的最大特点，是要求人类重建人与自然和谐统一的关系。

可持续发展战略的提出，不仅是当代人有感于环境与资源问题的恶化日益严重地威胁到人类的生存和发展而作出的一种生存选择，而且是标志着人类价值观念与生活方式改变的一场深刻变革。这种价值观与生活方式的变化，是同人类对人与自然关系的重新认识和思考分不开的。因此，环境伦理构成了可持续发展战略的理论和实践的基础。环境问题产生是由于人类粗暴地对待自然界的结果。因此，环境问题的治理首先要提高人类自身的素质。就是说，人类要对自己与自然环境的关系加以反省，以建立一种新型的人与自然的关系。

迄今为止，人类从保存和爱护自然环境出发，提出了关于环境伦理学的各种观点。比较有代表性的观点有生命中心主义，持这种观点的人认为，不仅动物有“权利”，而且包括植物在内的所有生命体都有其自身的“固有的价值”，应当受到同等的尊重。地球整体主义，主张不仅生命体具有内在的价值，包括土地、岩石和自然景观在内的整个地球以及代际均等环境伦理观等。

文明的跨越，不仅需要新的理念，更需要新的力量源泉。信息技术，成为人类手中的利器。计算机技术使人类大脑得到解放，实现了人类从物理力量的延伸到智力的延伸，互联网技术使世界变成地球村。这个时代，是电脑的时代、互联网的时代、信息的时代。新的社会正在崛起。支持这场变革最重要的基础即芯片、微处理器、电脑与互联网的发明。这场革命以电子计算机技术、通讯技术和信息资源处理技术组成的信息技术为核心，因此被叫做“信息革命”。“信息革命”很可能预示着人类历史上的第四次大转折。

以信息技术革命为基础的第三次浪潮几乎遭遇不到地域的限制，它是第一次的全球性的浪潮。以信息革命为中心的新的科学技术革命将带领我们迈向知识经济的新时代，迈向信息社会。

1998 年 1 月 31 日，美国副总统戈尔在加利福尼亚科学中心讲演时首次提出了“数字地球”概念，为新世纪地球科学的发展提供了崭新的思路。“数字地球”是对真实地球的数字化重现，是将遥感、地理信息系统、全球定位系统、宽带网虚拟技术等综合建成的高度自动化、智能化的技术系统。1999 年，20 多个国家和地区的 500 多位科学家、工程师、教育家、管理专家及企业家在首届“数字地球”国际会议发出《数字地球北京宣言》(简称《宣言》)指出，新世纪将会是一个以信息和空间技术为支撑的全球知识经济的时代，“数字地球”能够回应人类在社会、经济、文化、机构、科学、教育、技术等方面面临的挑战。欧盟首脑会议 2000 年 6 月通过建立“电子欧洲”的行动计划，八国首脑会议 7 月通过《全球信息社会冲绳宪章》，东盟各国领导人 11 月签署了“电子东盟”框架协定。这些标志着各国已就信息技术的战略意义达成共识，全球信息化趋势已不可阻挡。今天，全球因特网用户近 4 亿，“数字地球”已悄然成型。世界正在进入以信息产业为主导的新经济时代。

历史已经证明，20 世纪以工业革命为标志的第一次现代化，深刻改变了世界和中国的面貌。当人类社会进入 21 世纪，以信息革命为标志的第二次现代化浪潮扑面而来，信息化正在成为当今世界发展的最新潮流。面对这样的形势，我国将信息化作为覆盖现代化建设全局的战略举措，在国民经济发展和社会进步的各个领域全面推进。如果说国家信息化水平标志着一个国家新一轮现代化的进程，那么，也可以说信息化水平是黄河治理开发和管理现代化进程的重要标志。要实现黄河治理开发和管理的现代化，必须首先全面实现黄河的信息化，而实现信息化的关键途径则是数字化。

这一切都在黄河留下了深刻的印记。随着 20 世纪 90 年代末开始的黄河水量统一调度，黄河水利开始进入新的发展阶段，以水资源优化配置为主要手段，实现水与经济、社会、环境持续协调发展的现代水利阶段。在这一阶段里，人与水的关系以改造和适应相结合为主要特征。人类开始对自身进行管理和控制，根据整个生态环境平衡的需要，有目的地限制对水的消费需求。这一阶段具有几个特征：在空间范围上，人类开始跨越流域范围统筹考虑；在人与自然的关系上，人类不仅改造自然，也开始注意保护自然；对自然的态度转变为追求人与自然和谐相处；在水利指导思想上，人类开始为自己的需要设定前提，注重保持整个生态环境的平衡。在治理开发的基本技术上，数字化、信息技术使人类智力得到极大的解放和延伸，为治理开发方略提供了研究、实践的新手段和物质基础。新的文明，呼唤新的黄河治理开发思想与方略。

第二节　治水探路人的思考

在这个文明转型的历史时期，在这个变革的时代，面对黄河，面对中华大地上的江河湖泊，新的治水之路在何方？未来的治黄如何开展？成为当代中国水利领导者和黄河河官的必答题。这是时代的机遇，也是他们的历史责任。

作为中国治水的现任掌门人，水利部部长汪恕诚提出，水利工作思路要实现战略性调整，形象直观的提法，就是实现由工程水利向资源水利的转变；理论科学的提法，就是实现由传统水利向现代水利、可持续发展水利的转变。要把水资源的可持续利用和经济社会的可持续发展，作为各项水利工作的指导思想和核心问题。他指出，资源水利的本质特征就是人与自然和谐相处。强调改造自然，必然重工程管理；强调人与自然和谐相处，必然重资源管理。资源水利的提出，就是强调资源管理，其本质特征，就是人与自然和谐相处。人与自然和谐相处是破解中国水问题的核心理念。通过给洪水出路，建设节水型社会，充分依靠大自然的自我修复能力，以及发展绿色经济，严格排污权管理等，解决中国水利突出的问题。

他认为，从水资源可持续利用的角度看，随着经济和社会的发展，要求人们对水的认识不断转变，在更高的层次上推进水利的发展。这种转变可归纳为9个方面：从人类向大自然无节制地索取转变为人与自然的和谐共处，实现社会的可持续发展；从认为水是取之不尽、用之不竭的转变为认识到淡水资源是有限的；从防止水对人类的侵害转变为在防止水对人类侵害的同时，要特别注意防止人类对水的侵害；从重点对水资源进行开发、利用、治理转变为在对水资源开发、利用、治理的同时，要特别强调对水资源的配置、节约、保护；从重视水利工程建设转变到在重视工程建设的同时，要特别重视非工程措施，并强调科学管理；从以需定供转变为以供定需，按水资源状况确定国民经济发展布局和规划；从灌溉土地转变为浇灌作物，积极发展有压灌溉，实施高效用水；从认为水是自然之物转变为认识到水是一种资源，采取工程措施，使水成为商品；从对水量、水质、水能的分别管理，以及对水的供、用、排、回收再用过程的多家管理转变为对水资源的统一配置、统一调度、统一管理。

作为水利部部长，汪恕诚对中华民族的母亲河——黄河，同样有着浓浓的情结。他将黄河的治理目标具体化为四句话：堤防不决口，河道不断流，污染不超标，河床不抬高。

黄河现任河官李国英的思索结果是提出了“维持黄河健康生命”、建设“三条黄河”的新理念和新思路。

其初步理论框架为：“维持黄河健康生命”为黄河治理的终极目标。“堤防不决口，河道不断流，污染不超标，河床不抬高”为体现其终极目标的四个主要标志。该标志应通过9条途径得以实现，包括“原型黄河”、“数字黄河”、“模型黄河”的“三条黄河”建设是确保各条治理途径科学有效的基本手段。

他认为，每一条河流对于自然和社会系统的承载力都是有限的，河流生命的负荷只有在其承载力的范围内，才能保持可持续发展。因此，经济社会系统的发展必须把河流的承载能力放在首位，以水资源供需平衡为基本条件，确定流域经济社会发展的目标和规模。黄河的健康生命力主要体现在水资源总量、洪水造床能力、水流挟沙能力、水流自净能力、河道生态维护能力等方面。“维持黄河健康生命”，就要维持黄河的生命功能。

他提出黄河治理的9条途径是：减少入黄泥沙的措施建设；流域及相关地区水资源利用的有效管理；增加黄河水资源量的外流域调水方案研究；黄河水沙调控体系建设；制定黄河下游河道科学合理的治理方略；使下游河道主槽不萎缩的水量及其过程塑造；满足降低污径比使水质不超标的水量补充要求；治理黄河河口，以尽量减少其对下游河道的反馈影响；黄河三角洲生态系统的良性维持。他认为9条途径的核心，在于解决黄河“水少”、“沙多”和“水沙不平衡”，以及如何保持以黄河为中心的河流生态系统良性发展问题。

李国英提出的“三条黄河”包括“原型黄河”、“数字黄河”和“模型黄河”。

“原型黄河”，就是治理开发与管理的现实中的黄河，其目标是“堤防不决口，河道不断流，污染不超标，河床不抬高”，最终实现黄河的长治久安。

“数字黄河”，就是借助全数字摄影测量、遥测、遥感（RS）、地理信息系统（GIS）、全球定位系统（GPS）等现代化手段及传统手段采集基础数据，通过微波、超短波、光缆、卫星等快捷传输方式，对黄河流域及其相关地区的自然、经济、社会等要素构建一体化的数字集成平台和虚拟环境，在这一平台和环境中，以功能强大的系统软件与数学模型对黄河治理开发和管理的各种方案进行模拟、分析和研究，并在可视化的条件下提供决策支持，增强决策的科学性和预见性。

“模型黄河”，主要是通过对“原型黄河”所反映的自然现象进行反演、模拟和试验，从而揭示“原型黄河”的内在规律。其建设目标是，构建包括黄土高原模型、水库模型、河道模型及河口模型在内的一整套模型体系，一方面直接为“原型黄河”提供治理开发方案，另一方面为“数字黄河”工程建设提供物理参数。同时，“模型黄河”还应成为“数字黄河”通过模拟分析提出“原型黄河”治理开发方案的中试环节。

在实际应用中，通过“三条黄河”联动，实现技术先进、经济合理、安全有效的治黄目标。

人与自然和谐相处，实行资源水利、发展绿色经济，不仅提出了中国水利未来发展的新理念和新思路，也对未来中华文明的可持续发展提出了自己的思考和观点。“维持黄河健康生命”是新时期黄河治理开发的新理念。“三条黄河”的提出，是对黄河治理手段的概括和总结，原型黄河是千百年来的治理对象，模型研究是工业文明的产物，数字化则是信息革命的标志。

作为治水的探路者，他们的思考值得关注。

历史，将给他们以评定。

第三章　未来之路

新文明的曙光已经显现，新的技术正孕育着磅礴欲出的惊人生产力，新的文化改变着人类的行为准则和指导思想，新的理念为黄河的治理开发打开了未来之门，新的纪元已经来临。新的治黄方略需要吸纳这文明的硕果，维持河流的健康生命，需要发挥自然的力量、社会的力量和科技的力量。利用自然的自我修复能力，加强人类社会的自我管理，提高人类改造自然的水平，构建未来治黄的三个着力点。

第一节　自然的修复能力

通过封山禁牧、退耕还林还草，使人类的活动从生态脆弱区、水土流失区逐步减少或退出来，依靠大自然的力量恢复良好的生态环境，尽可能保持生态系统的自然性，是实现人与自然和谐共处的一个具体行动，是减少入黄泥沙，从而根本上解除黄河危害的天赐神器。

人类也曾主动在甘陕地区大量植树造林，以期绿化地表，减少水土流失和沙尘暴，但许多地方的结果是“一年绿，两年黄，三年死，剩下都是小老树”，种树不少，成效不高，主要原因之一就在于乔木需要年降水 400 毫米左右的自然条件，那里常年降水在 300 毫米左右，只适合草原植被生存。在人类没有掌握自然规律以前，盲目的热情和冲动只能是事倍功半、“好心帮倒忙”。

在黄土高原地区，陕西省吴旗(今为吴起)县地处延安市西北部，山大沟深，植被稀少，可谓千沟少绿色，万里尽黄沙，水土流失严重，生态环境十分恶劣。封禁 3 年，林草覆盖率提高了 24 个百分点，年土壤侵蚀模数由 1.1 万吨每平方公里降到 0.6 万吨每平方公里。满山遍野长满了紫花苜蓿、柠条、沙打旺、沙棘、山杏、山桃和野草，创造了我国生态建设前所未有的好成绩。内蒙古乌兰察布盟地处塞北，是典型的干旱半干旱地区，但历史上也曾经是“风吹草低见牛羊”的地方。近半个世纪以来，由于大面积毁林开荒、垦草种粮，生态遭到严重破坏，以致人们辛酸地形容这里是“老鼠跑过现脊梁”。到 1994 年，全盟 2400 万亩耕地有 73%沙化，天然草场有一半沙化退化，有的地方已经到了沙进人退的地步。1994 年乌兰察布盟开始实施大面积的封山禁牧，到2000年，6年治理面积比前45年的总和还多1354平方公里，林草植被覆盖率由1994年的20%提高到40%。整个内蒙古自治区，在连续3年遭受罕见大旱的情况下，封育保护仍然发挥了很大的威力，草原生态恶化的势头得到有效遏制，部分地方再现了芳草碧连天的秀美景色。

封育保护解除了生态系统所承受的超负荷压力，系统自我组织和调控作用增强，区域林草植被种类和数量必然增多，水土流失程度自然减轻。据有关专家典型调查，在甘肃腾格里沙漠南缘绿洲周围封育5年，生长的油蒿、盐瓜瓜、碱蓬、白刺等植物覆盖度达50%。在毛乌素沙地以生长油蒿为主的固定沙丘和平缓沙地区域，凡撂荒的风蚀地上，一般封育4~5年，植被覆盖度可达60%~70%。鄂托克旗年降水量300毫米左右，开垦的沙化草原，风蚀强烈，但一经弃耕撂荒，天然植被恢复很快，弃耕1~2年，就生长了画眉草、狗尾草、藜、蒺藜等杂草，覆盖度达到60%~70%，继续封育3~5年，顿草、白草等根茎型植物繁生，6~10年就恢复到开垦前的原生植被状况。

自然的自我修复能力是巨大的，但并不是无往而不能。由于气候、地理等自然条件的差异，自然界本来就存在森林、草原和沙漠、荒原等不同的地表植被分布区域。水是生命之源，自然的自我修复能力同样受制于基本的自然供水条件。与不同的降水条件相对应的，是不同的生态系统和生态环境承载能力。仅仅依靠自然的自我修复能力还无法满足人类对生态环境的需要，人类生存发展的压力也会影响其作用的发挥，还需要我们思考更多的对策。

在降雨量丰沛的南方地区实行封禁治理，三五年即可恢复植被。但在干旱少雨的黄河流域，尤其是黄河流域上中游的大部分地区，则需要更长的时间，随着年降水量的降低，自然的自我生态修复能力受到越来越大的限制。在黄河中游人烟罕至、干旱而暴雨的多沙粗沙区，人类是无法期望仅仅通过封育就能彻底堵住泥沙流失的恶疾。

从楼兰古城的命运中，我们或可了解气候之于自然、人类社会的重要作用。中国科学院罗布泊钻探科学考察队在对楼兰古城实地考察后发现，它的消失与气候环境的变化有着密切的关系，或者可以说是主要的原因之一。而其他的诸如战争、(丝绸之路)改道和其他的政治、经济和社会结构的变化，则只是楼兰古城消失的一个次要原因。据悉，3000年前，罗布泊湖水面积曾达12000平方公里，古孔雀河水源充足，楼兰一方面为了靠近水源依水建城，一方面又害怕洪水侵扰，所以他们选择了有孔雀河支流穿过的高地。但随着气候的变化，古孔雀河改道而行，罗布泊湖水大量萎缩，人们到最近的水源也要走好几公里。科学家表示，在这种环境下，社会体系已经相当脆弱，经受不起任何例如灾害、战争，经济衰退等大的人文自然波动。

今天的人们也面临着气候环境变化的影响。伴随地球气候变暖，青藏高原继续隆起的地质运动，黄河流域的自然生存条件面临进一步恶化的威胁，值得引起我们的注意。

我国气象权威部门预测，47 年后全国平均气温将上升 2.2 摄氏度。气候变暖将给我国的植被分布带来一定影响。这一时期，我国不少地区降水出现增加趋势，东南沿海增加值最大。但华北和东北南部等地区继续变干。气候变暖后，我国北方森林、草原的分界线可能出现南移现象，生态环境将更加脆弱，自然发挥自我修复能力的作用也可能受到影响。

随着全球进一步增暖，我国西部地区的冰川将继续萎缩。据中国气象局的专家估计，到 2050 年西部冰川面积将减少 27.2%。高山季节性积雪的持续时间也将缩短，春季大范围积雪提前消失，积雪量将较大幅度减少。春旱加剧，融雪对河川径流的调节作用大大减小。黄委水文局组织专家对黄河源头地区进行实地考察后发现，伴随青藏高原继续隆起，上游冰川的蚀退，河源地区的生态环境正趋向恶化，近几年总来水量明显减少约三分之一。黄河兰州水文站多年平均水量约占全河的 60%，而河源地区的多年平均水量又占兰州站的三分之二。这一地区水文情势的变化显然会对全河水资源状况带来重大影响，这也是导致黄河源区黄河断流的主要原因。据青海玛多县黄河水文站自 1956 年来的科学观测记录，黄河源区自 1960 年来共发生 4 次断流，尤其在 1998 年 10 月 20 日至 1999 年 6 月 3 日期间，黄河在扎陵湖与鄂陵湖中间出现长达半年之久的断流。玛多县曾被称为千湖之县，当年的县城为躲避洪水而不得不搬迁，几十年过去了，玛多县城再次搬迁，这次却是要搬回河道，原因则是缺水。

冰川消融的同时，海平面将升高。据预计，到 2030 年我国沿海海平面将上升 1 ~ 16 厘米，到 2050 年上升 6 ~ 26 厘米，到 21 世纪末上升 30 ~ 70 厘米，这将使许多海岸区遭受洪水泛滥的机会增大，遭受风暴影响的程度和严重性加大，并会引起海岸滩涂湿地等生态群丧失，海岸侵蚀，海水入侵沿海地下淡水层，沿海土地盐渍化等，给海岸带生态环境系统带来灾难，从而造成海岸、河口、海湾自然生态环境失衡，给海岸带生态环境系统带来灾难。

第二节　人类社会的自我管理

人类必须开始对自我进行约束和管理，以避免对自然的过度伤害。充分吸纳经济、法律等各种社会管理的知识和力量，加强对自然的强制性保护，加强对人类社会的自我组织和管理，建立以节水型社会等新型资源利用方式为目标的社会制度体系，推广循环经济或者说绿色经济，是“维持黄河健康生命”不可或缺的组成部分。

人类活动与自然环境具有高度的相关性，而且这种相关性随着人类对自然界的利用和改造而愈来愈紧密。黄河几千年文明史中，人与自然的矛盾从未像今天这样紧迫，中国经济社会的持续发展，中国人口的继续膨胀，开始愈来愈面临资源瓶颈和环境容量的严重制约。我们必须强化全民的资源环境危机意识，建立培育出一个全新的人与自然、人与人双重和谐的生态文明。今天，人类生产规模的扩大和科学技术的进展已经使人与自然的相关性达到一个新的阶段，要求人类采取相应的社会组织形式和政策，以便与自然环境相协调，同时还要求人类有更高的文化和道德力，承担起对自然环境的义务和责任，以求得人类和自然的和谐发展。

治水需治人。自然是不懂得“协调”的，自然界是不会主动地去满足人类生存的需要和发展，因而人类必须能动地对自然界进行改造。动植物只有适应自然，动物只有部分利用自然的本领，而人类除有适应自然、利用自然的本能，还有改造自然、“无中生有”的创造能力。治水需要保护自然，为人类活动设定一个不可逾越的红线。但更重要的是，寻找出可持续发展的社会组织形式。维持河流的健康生命，支持流域经济社会的可持续发展，需要制度创新，需要社会科学的广泛参与。

治黄方略的产生与社会经济的发展存在着密切关系。伴随人类发展，与黄河的人地关系、人水关系不断变化，涉及到越来越多的社会问题，需要从社会科学的角度提出对策。从历代治黄方略产生的社会要求看，束水攻沙、堤防防洪在于下游经济社会的发展难以承受改道的损失，河口三角洲的发展遭遇到入海流路自由游荡、下游悬河治理的矛盾；滩区问题是黄河下游河道内外居住人群的安全、发展发生了矛盾；潼关高程问题更是引起不同省(区)的尖锐矛盾。如果黄河上中游地区仍然是国家大力发展的商品粮基地，水土保持、退耕还林还草就很难实施。水资源短缺是人与人之间的需求矛盾，并进一步引发对自然生态用水的过度挤占；水污染更是纯粹的人为因素造成上下游、不同群体之间利益矛盾的冲突，不同利益集团对经济利润的追逐最终造成生态环境的恶化。这些矛盾的解决也必然从社会科学角度提出制度性措施。

生产力决定生产关系，生产关系对生产力有反作用力。20 世纪 90 年代，可持续发展理论把研究人口、资源、环境与经济学和社会学、伦理学的研究紧密结合起来，探讨可持续发展的方法与自然经济的规律。在"人—社会—自然"的大系统中，人是主体，自然资源、环境是客体，社会是个体人相结合形成群体协作的产物，这种群体协作的社会经济交往制度、市场组织结构是社会历史发展的原动力，作用于主客体相结合方式的中介力量。也就是说，社会经济交往制度中不同类型的交往和市场结构，会对人主体与资源、环境客体的结合方式发生作用，表现出"社会—自然"系统处于可持续发展向非可持续发展、再向可持续发展的结果。它证明社会制度对自然经济规律发生作用方面人理性的制度选择的重要性。

水危机是未来 20 年中国实现全面建设小康社会目标所面临的重大挑战之一，水的短缺日益成为人和自然之间的巨额生态资源赤字，中华民族因此提出发展循环经济、建设节水型社会的国家战略，社会科学正式进入治水之道，成为治黄方略的一个有力支点。

节水型社会是一个新名词，目前并无统一定义。根据中国水科院专家的看法，节水型社会指人们在生活和生产过程中，在水资源开发利用的各个环节，贯穿人们对水资源的节约和保护意识，以完备的管理体制、运行机制和法律体系为保障，在政府、用水单位和公众参与下，通过法律、行政、经济、技术和工程等措施，结合社会经济结构的调整，实现全社会用水在生产和消费上的高效合理，保持区域经济社会的可持续发展。中国社会科学方面的学者胡鞍钢、王亚华公开提出，水危机表面上是资源危机，实质上是治理危机，是治水体制的长期失效（包括政府缺位、市场缺失和计划失效），导致治理能力低下，不能有效应对变化条件下的各种挑战。因此，在人类应对挑战、对付危机的各种行为中，制度的确立与改进最具有根本性，它的作用就在于节约成本，降低不确定性。中国的治水模式必须从过度依赖工程建设扩大供给为主转向制度建设激励节水，从单一的硬件建设（如水利设备、基础设施）转向软件建设（如制度、法制、民主、R&D、能力建设）和硬件协调发展，政府水利主管部门主要职能要从工程投资优先转向制度建设、公共服务、社会管理。

人类的社会实践证明了加强自我管理的有效性。在黄河，依靠建立流域统一调度、管理体制，主要通过行政手段，人类实现了黄河不断流，在黑河，以建立水权制度为核心，通过市场手段，张掖地区迈出了建设节水型社会的重要一步，大大提高了水资源的利用效率。在美国，作为当今世界上最发达的国家，其水务管理上也处在了领先地位。原因则是早在 1965 年，美国国会就通过了《水资源规划法》，并以此组建了由能源、农业、商业、住房、国防、内务、城建和运输部部长以及环保局局长参加的国家水资源委员会。法律的作用在其实践中发挥了重要作用。总的来说，人类社会的自我管理还处于起步阶段，黄河的治理开发还需要吸纳更多的社会科学的成果。

然而，黄河作为多泥沙河流的基本特性并不因之而改变，“水少、沙多、水沙不平衡”仍然是黄河治理中的主要问题，提高人类对资源的利用效率也好，节衣缩食也好，都不能完全解决这一问题。从地质条件说，黄河执行的功能就是把流域内的水资源和泥沙资源输送到华北平原和大海。从气候条件看，黄河流域地处北半球半湿润半干旱地区，降水量并不丰沛。黄河的自然条件决定了它的淤积过程，也决定了它必然是一条“地上河”。即使经过现在30年到50年的大规模治理，黄土高原可能减沙量也只是从16亿吨减少到约8亿吨，人类还没有能力在短期内构造一个新的生态系统，黄河在今后很长时间内仍然是一条多沙河流。随着流域社会经济的发展，对水资源的强烈需求是难以遏制的，黄河水沙不平衡的问题依然会存在。

人类，还必须拥有更多创造性的治理手段。

第三节　新技术的创造力

科学技术永远是第一生产力。1972年斯德哥尔摩人类环境会议显示出了人类对环境问题的觉醒，1992年里约热内卢环境与发展大会提出了可持续发展的理念，但如果没有相应的技术革命跟上，保护环境、维持河流健康生命、走可持续发展之路只会是一个美好的愿望。生产力的发展水平，科学技术的创新能力,无可争议地在龙的传人实现治黄新理念的历程中发挥着决定作用。

从资源与环境学的角度考察，人类社会碰到的危机有三种：一是资源短缺的危机，二是资源原有比较优势丧失的危机，三是环境承载力超过极限的危机。与之相对应，与三种危机出现的顺序相似，人类通过不断的创新来克服这些危机。首先是从开发资源生产潜力向保护资源生产能力转变，人们开始实施天然林保护和退耕还林还草等措施；其次是由自然资源为中心向人造资本和人力资本为中心转变。在水资源方面，表现为人类不再向水资源丰富地区迁移，而是把水资源调到人造资本、人力资本丰富，综合资源配置较高的地区。第三则是从资源基础型经济向科学基础型经济转变。经济增长中科技进步的贡献越来越大就是明证。

早在一百多年前，马克思在分析工农差别时就指出，工农差别的实质是科学发展的差别。生物学的发展远远滞后于力学、物理学的发展，是造成工农差别的根本原因。换言之，历次生产力革命所带来的主要是工程技术能力的提高，其他技术还不足以对治黄产生革命性影响。人类主要是依靠堤防和库坝这样的工程手段、物理技术取得治黄的历史性进步，使人类具备了在空间上和时间上改变下游黄河自然形态的力量，使之在某种意义上成为“人工黄河”。模型和数字技术则进一步促进了人类治理手段的变革与创新，但人类依靠现有工程手段还无法控制自然、根治黄河。今后治黄的飞跃，有赖于新的科技革命，需要超越物理单类学科的局限，充分发挥生物、化学、气象等各个学科的力量。

人类依靠堤防和库坝改变了黄河的自然形态和特性，但这些工程措施本身也存在一些不足，对泥沙问题只能以空间换时间而不能根治。堤防由于两岸堤距之间容量有限，随着泥沙在河槽淤积，河床逐渐抬高而成为“地上河”，防御洪水能力也随河床淤高而降低，故决口改道会逐渐增多。修建大坝不仅可以产生防洪减灾、调蓄水量、提供能源等正面作用，还会带来移民、文化历史遗迹的淹没、以及改变水坝上下游自然环境等负面影响。对黄河来说，库坝进一步减少了输沙水能，造成水库的淤积和水库下游河道的淤积。例如黄河干流青铜峡水库蓄水运用 4 年，就损失库容 87%，仅剩 7900 万立方米。干流水利枢纽的修建造成下游输水随之减少，使黄河中游的宁蒙河段逐渐出现“悬河”现象。1968 ~ 1985 年，刘家峡水库建成以前，河口镇下泄水量 239 亿立方米，每年淤积量是 3800 万吨，刘家峡建库后，1986 ~ 1996 年，河口镇下泄水量由原来的 239 亿立方米减少为 174 亿立方米，造成了 1.13 亿吨的泥沙淤积，增加了 6500 万吨泥沙的淤积。

那么，未来可能的技术革命会出现在哪些方面，对未来治黄又会有哪些影响呢？

我们这个时代的技术革命出现在 20 世纪 40 年代以后，是以原子能工业（1942 年）、电子计算机（1945 年）、空间技术（1957 年）、激光（1960 年）、基因工程（1973 年）以及纳米材料等新兴技术群为标志。

这次技术革命以电子计算机技术、通讯技术和信息资源处理技术组成的信息技术为核心，所以又叫做“信息革命”。与信息革命相对应的社会是信息社会、数字地球。信息革命已经开始深刻的影响到治黄。为“三条黄河”建设提供了技术支撑，在管理上和治黄研究上孕育着突破。首先是为人类加强社会管理、实施流域统一管理提供了技术可能。电脑的应用、信息化的发展，使集中管理的层次减少、避免或减少了信息失真问题，为人类社会的自我管理提供了“精确制导”，这也是几年来黄河水量统一调度、精细调度能够顺利实施，保证大旱之年黄河不断流的重要原因。其次是研究的作用。信息技术以电脑技术为基础，延展了人脑智力，倍增了效率，由此可能带来各种科学技术的革命，为研究黄河提供了强大的信息采集、传输、处理计算和分析能力，为人类探寻黄河的规律提供了无与伦比的力量和广阔的基础平台。

生物科学革命，包括分子遗传学、信息科学和基因研究，给我们带来了各种各样的可能性，为黄土高原水土保持生态环境建设孕育着突破。生物技术作为一种发展手段，其前景在于能够迅速、有效地提高动植物的数量和质量。植物杂交精确度的提高使植物的产量和存活力都变得更具有可预见性。利用生物技术能培植出更具抗旱力、耐盐力的植物，还可以通过基因手段改变植物特征。生物技术的突破，将使我们可以用更少的土地甚至不用土地就能生产出足够的粮食，从而为自然让出土地，为自然生态的自我修复提供空间和时间。另一方面，将为人类在黄土高原实施大规模的生态绿化，减少水土流失提供更适应当地地理气候条件的植物品种，为生物治污开发新的品种，实现高效、低成本的绿色循环，为人类提供新的利器。

当公众正在为转基因产品的市场准入而没完没了地争论，一场将改变所有物质、影响生产和生活所有方面的“原子革命”已经蓄势待发。这就是纳米技术的应用。纳米技术是一项很强大的技术，它被认为是自从人类发明电力以来最强大的技术。纳米技术借鉴了物理、工程、分子生物和化学的成果，它的力量所在是它渗入世界经济每一个角落的能力，它甚至可能重新定义生命。比如基因技术就可能被它从根本上转变，并得到强化。而且纳米技术会涵盖基因技术，因为在纳米的层次上，已经不再区分生命体和非生命体，它覆盖了所有物质。正因为如此，它潜在的破坏力也可能很强，它对环境、健康和社会的影响现在还很难估计。也许我们可以因此轻松固化黄土高原地区流失的泥沙，或者创造新的保水物质，仿佛古代传说中的“息壤”，使高含沙洪水在黄土高原止步。也许我们可以因此创造出新的物种，迅速覆盖广阔的沙漠和荒原，为人类提供需要的食品或者其他资源。也许我们因此可以大大降低各种工程的造价，从而修筑更多、更高、更坚固的淤地坝、防洪库坝。当然，这一切，我们还不知道离我们有多远，但我们必须予以关注。

能源从来都是人类发展的基本动力，能源技术的革命，包括核能、氢能的和平、便捷使用，以及可再生能源的工业化利用，都将极大地降低人类治理黄河的经济成本和社会成本，使堤防库坝建设、疏浚、挖河等工程措施孕育着突破。核能、氢能以其巨大而持久的能量而被人类关注，一旦其和平、便捷应用技术被突破，将意味着物理技术的又一次革命，必然为治黄的工程手段注入强大的力量，从堤防防洪、库坝调控，到挖河疏浚固堤、跨流域调水，以及机械吸淤、冲淤，引海水冲刷下游河道等，都会变得更为经济可行，使这些手段和设想更方便、更有效。人类将真正拥有移山填海的能力，人类幻想的改变地质面貌，影响地域气候的设想也将因此具有现实的可能性。随着绿色能源技术革命，风能、太阳能等可再生能源的推广利用，人类几千年文明史以破坏自然来换取人类人口的增长和文明的进步，工业文明发展史以来对自然界不可再生资源的过分开发利用、对自然的污染和破坏，都将成为历史。虽然现在太阳能、风能在世界能源总量中的比例不到 2%，但在过去的几年中，太阳能和风能连续以 40%的速度增长。这种革命性的发展，预示着世界能源已由不可再生的稀缺资源转向可再生的丰裕资源，预示着人类可以从根本上实现人与自然、人与人的双重和谐，从而减少由于工业文明所带给黄河的危害，提高水资源的循环利用率，为治黄工程的开展提供新的清洁动力。

我们无法预知究竟有多少技术、有哪些技术会带来治黄的巨大飞跃，在沙特阿拉伯，人们在开展化学技术实现沙漠固化研究，对于缺少淡水的国家来说，海水淡化技术同样受到极大的关注，泥沙的经济利用技术甚至大气空间调节降雨技术，都有可能改变我们的生活，改善人与黄河的关系。我们只能说，一切皆有可能，创新才是根本。

让我们拥抱变革，让我们关注新的技术革命，因为，它与我们的黄河息息相关，与我们的事业息息相关，与我们的未来息息相关。

第四节　黄河的博弈

2005 年诺贝尔经济学奖授予了现任美国纽约州立大学斯坦尼分校经济系和决策科学院教授，75 岁的罗伯特·奥曼和具有以色列和美国双重国籍、84 岁的托马斯·谢林。理由是两位经济学家利用博弈论理论研究人与人、国与国之间冲突或合作关系的产生原因，“加深了我们对冲突与合作的理解”。这是近十多年来博弈论及其应用研究的学者第六次荣获诺贝尔经济学奖。

博弈论之初来自于那个著名的“囚徒的困境”：两个囚徒被分别关押，如果两人都不招供对方，都将释放，但如果一人招供对方，另一人将受到惩罚，两个都招供对方，将同时受罚。是协作还是对立，是信任还是怀疑？是双赢还是双输，还是心存侥幸独自逃脱，他们需要独自选择。博弈论如此备受宠爱，关键在于其深厚的现实基础及其对现实问题的解释力。在黄河上，人类与自然也在进行一场博弈。在人与黄河之间，千百年来，一直存在着两组交织在一起的立体供需曲线，形成两个相互影响、相互作用的博弈关系。一组是人类和黄河在水资源数量、质量和流向上的需求和供给曲线，一组是环境和黄河在水资源数量、质量和流向上的需求和供给曲线。两组需求与供给曲线相交织，形成了人与环境、人与黄河三位一体的博弈关系。随着人类发展空间的扩大和开发深度的增加，人与黄河争水、争地的竞争日趋激烈，矛盾越来越多，矛盾的范围和程度也在不断扩展。从单纯洪水威胁到水土流失加剧，从水资源短缺到水污染恶化。伴随着从渔猎文明到农耕文明、到工业文明的不断发展，人类缺乏自我约束的盲目开发，既伤害了环境，也最终伤害到自我。从广域游荡到束流悬河，从人类的反季节水资源调节到黄河泥沙淤积河段上延，黄河河流形态变化本身就是一个人与自然博弈的结果。反应都是滞后的，但人类的反映是随机的、应激性，而黄河、环境则是临界性、耐受性，一定范围内自我调节性。人类占据着主动性。

面对人类与自然日益激烈的利益冲突，人类必须寻求出制衡之道。因为在这场博弈关系中，人类不需要担心自然会背叛，自然的反应总遵循着可以预知的客观规律，人类天然占据着主动性。人类，需要在自我之间、在自我与自然之间，在冲突与合作之路上，采取机智、理性的态度，寻求人类发展原则与自然规律的和谐，寻求人与黄河的双赢。

钱正英，曾经谈到在历史演变意义上的三条黄河：过去的黄河、现在的黄河和未来的黄河。她指出，在人类历史时期的黄河，基本自然条件至今没有很大改变，黄河的自然条件决定了它在下游的淤积过程，也决定了它的下游必然是一条“地上河”。在人类开发黄河上中游黄土高原、下游华北冲积平原的过程中，来水来沙条件发生了巨大的变化，导致现在的黄河不同于过去的黄河，今后的黄河也将不同于现在的黄河。由此，她提出了一个深邃的命题：“我们说要维持黄河的生命，是维持一条什么样黄河的生命？”

她告诫我们：“50 多年来，治理和开发黄河的各种科学技术手段确实大大进步了，不论建坝、筑闸、疏浚、扬水等，都可以大规模地进行。但是，我们对黄河从整体上的认识和规划，却存在很大的盲目性，以致一些措施互相发生矛盾，在治理开发过程中发生一些始料未及的问题，从整体上遭到自然的报复和惩罚。”她由此进一步指出：“不是我们要什么样的黄河，而是要研究客观上（包括不可逆转和可能调整的人为活动）将是什么样的黄河，从而慎重决定今后的主攻方向。”

我们将如何面对这条伟大的河流？我们应该如何对待这条在中华历史上举足轻重的河流？这不能不激起我们每一位儿女的思索和探究。

人类是大地之子，人类社会同样是地球圈的一个有机组成部分。人类可以改变自然，但永远无法征服自然，人类在改变世界的同时，也必然改变着自身。“黄河本无事，庸人自扰之。”杜省吾老先生这句话充满了超现实主义色彩和诗人的浪漫情怀，但从另一个角度，也深刻地说明了治黄的本质和事实。正是因为人类的存在，我们才不可能让黄河毫无拘束地奔腾恣肆。今天的黄河被称为中华民族的母亲河，它不可能回复到汪洋恣肆、在华北大平原自由奔流的少年时代，它需要承担起华夏子民的哺乳责任。今天的黄河已经不仅仅是一条自然黄河，更是一条社会黄河，一条经过人类改造的伟大河流。这也是我们治理黄河，开发黄河的基点。

资源节约型和环境友好型社会，已经不仅仅是理想目标，更是人类再造黄河、管理自我、寻求可持续发展的必由之路。世界知名能源专家埃默里·洛文斯博士曾经谈到：“重视水与空气等自然资源，把它们的价值计算到国民经济产值中去。”这是新一轮工业革命的全新理念。洛文斯说，这是人类从前忽略的问题，也是自然资本论和现今的金融资本与工业资本理论的不同之处。人类已进入新世纪，正面临着由于环境污染与资源枯竭所造成的生存危机。与自然资本有关的资源价格极其低廉，不重视水和空气等自然资本的价值，只能导致这些自然财富越来越稀缺。为了社会的健康持久发展，人类需要重新认识自己拥有的资源财富,需要重新思考现有的生产模式和经济发展模式，把自然资本纳入经济、文化和社会体系，这才能有助于实现人类经济发展与自然资源保护的双重目标。新的工业革命提出效法自然，增加人力资本，强调以最少的资源实现最大的效益，重视向自然资源再投资。通过税收等政策的调整，加强对自然资源消耗少与多的奖惩，力求有所回报，以保持自然生态平衡。对于人类来说，人类需要尊重自然规律，给黄河以出路，给大地万物生灵留出生存繁育的空间；人类需要综合各种治理开发手段，改造黄河生态系统的自然特性，使之更加适应人类的需要；人类需要管理自我，实现对自身需求的有效管理，寻找临界点，建立人与自然之间对黄河需求的调控杠杆。人类需要善用自然的力量、社会的力量和科技的力量，管水、治沙、育黄河，平衡人类、生态环境与黄河的供需关系，调控水沙的时空分布，维持河流健康生命。

“维持黄河健康生命”是黄河治理开发的终极目标，正如人类的需求包括从基本生存需求，到享受需求，到社会尊重的需求，到个人价值实现需求，存在不同层次、不断提高的目标一样。在通往未来的道路上，如何界定出实现这一目标的阶段性任务？如何确定“维持黄河健康生命”的初级阶段、中级阶段和终极阶段目标？黄河健康生命的阶段目标界定，同样存在从基本存在需求到良性循环需求到优化循环需求的发展阶段。

有句话叫做“无知者无畏”。当我们作为一个初学者睁开双眼，看待人类与黄河的关系，如果用一个词来表述对当代治黄方略新特征的稚嫩看法，那么，我们将大胆地选择“管理”。如果用一个词来表述我们对这种管理特质的认识，我们将选择“控制”。如果需要再加上一个状语，我们将选择“临界”。如果设定一个参照系，那么，就是以维持河流健康生命为终极目标，以自然生态与社会生态供需平衡为基准，以人类生存、发展、社会享受等层级需求为阶段性目标，实施阶段性目标的动态管理。

生态平衡包括自然生态的平衡和社会生态的平衡。我们认为，黄河仍需治理，但黄河还需要管理。对水资源的追逐是引发人类与自然矛盾的起始点。人类在治理黄河的过程中，通过水土保持、干流枢纽开发管理、堤防建设、下游治理开发、跨流域调水等，进行水资源时空的调节、水沙的调节，实现水地关系、人地关系、人水关系的优化配置，完成防洪安全、水土保持生态环境优化、水资源配置优化的目标，离不开对各种措施和手段的统筹管理；治水还需治人，人类需要进行人口管理和用水管理，需要根据资源综合配置和承载力情况进行产业结构调整。

黄河治理开发的终极目标是维持河流的健康生命，实现人类社会的可持续发展。实现需要分阶段性目标。水循环系统的各个环节则是人类实施控制的节点。通过临界点和临界范围的确定，从生态系统可循环的低限，以生态退化为指标的生态控制线管理，到生态系统可循环的高限，资源承载力为指标的开发烈度管理。人类可以规划出较为清晰的方向。城市是人类对河流产生影响的辐射源，因此将是需求管理的重点；上游作为源头，重在生态控制，我们需要保育，中游重在自然环境治理，我们需要多种手段以改变黄河特质，下游人居众多，显然重在风险控制。我们希望，临界控制线包括自然的、经济的、社会的，会是穿越迷宫的一双慧眼。

作为黄河的子孙，我们爱这条黄河。用我们的言行来爱我们的黄河。